U0177811

城市湿地复合地层盾构施工及大直径供水管道安装技术

中铁七局集团有限公司
潘兴良　沈卓恒　柳　植　编著

中国建筑工业出版社

图书在版编目（CIP）数据

城市湿地复合地层盾构施工及大直径供水管道安装技
术/中铁七局集团有限公司等编著. —北京：中国建
筑工业出版社，2022.12
　　ISBN 978-7-112-27974-6

　　Ⅰ.①城…　Ⅱ.①中…　Ⅲ.①城市供水-给水管道-
盾构法-管道施工　Ⅳ.①TU991.36

中国版本图书馆 CIP 数据核字（2022）第 176671 号

　　本书通过现场调查、现场监测、理论分析、数值模拟等方法系统研究城市湿地复合地层盾构施工及大直径供水管道安装技术。全书共 9 章，内容包括：绪论；城市湿地复合地层隧道施工风险分析及盾构机针对性设计研究；城市湿地复合地层隧道掘进关键技术研究；湿地复杂环境盾构掘进引起的邻近带压管线变形实测与分析；小曲线施工盾构管片受力变形及优化研究；盾构隧道内长大输水管道安装施工技术研究；长距离隧道内焊接作业通风设计与施工管理研究；长距离隧道内泵送混凝土配制与浇筑关键技术研究；供水管线盾构段水压试验工艺及技术要求。可为同类型诸多城市中的供水管道施工提供宝贵实践经验。

　　责任编辑：张伯熙
　　文字编辑：沈文帅
　　责任校对：李美娜

城市湿地复合地层盾构施工及大直径供水管道安装技术
中铁七局集团有限公司
潘兴良　沈卓恒　柳　植　编著
*
中国建筑工业出版社出版、发行（北京海淀三里河路 9 号）
各地新华书店、建筑书店经销
北京科地亚盟排版公司制版
北京中科印刷有限公司印刷
*
开本：787 毫米×960 毫米　1/16　印张：12¾　字数：255 千字
2023 年 6 月第一版　　2023 年 6 月第一次印刷
定价：**80.00** 元
ISBN 978-7-112-27974-6
（40016）

版权所有　翻印必究
如有印装质量问题，可寄本社图书出版中心退换
（邮政编码 100037）

编写委员会

总 策 划：王珂平　师建军

总 顾 问：范　川　何　江　郭建群　詹浩伟

　　　　　谢　军　刘培峰

编辑人员：（排名不分先后）

潘兴良　沈卓恒　柳　植　徐天生

陈琦涛　张　磊　王　恒　王　朝

王永喜　童朝宝　王伟业　汤　伟

杜红波　曾小东　陈高良　张　瑶

方安明　章舒展　赵　强　黄景鹏

殷爱国　岳育群　李长山　李依东

张志跃　高　瑞　丁　智　路庆伟

李　宁　虎长军　庞少武　任晓鹏

彭　康　何　帅　宋鑫龙　王　岳

邹　飞　王星哲　冯　通　张　雷

董毓庆

序

收到作者寄来的《城市湿地复合地层盾构施工及大直径供水管道安装技术》书稿，最初有点疑惑，疑惑的是随着近年来盾构的发展，盾构的形式越来越多、规模越来越大，小盾构的复合地层施工越来越成熟，这本专著的亮点在哪里？但仔细翻阅后，我立即被书的内容吸引。

杭州地区大地构造处于扬子准地台钱塘台坳带，地质发展经历了前震旦纪陆壳增生并成熟、古生代被动大陆边缘、中一新生代大陆边缘活动三个构造演化阶段，地层齐全，岩浆活动频繁，地质条件复杂；第四纪全新世晚期，随着全球气候变暖，海平面上升，冲洪积沉积层发育，地表形成了一套松散土层，因此在地壳浅部多为土岩构成的复合地层，且土岩界面起伏不定，工程地质风险较大。

作者从工程地质分析、盾构机选型、施工过程管理方面入手，通过科学的施工组织设计、精细管控，攻克了许多难题，实现了隧道顺利贯通。书的内容包含盾构施工的全过程，资料翔实，是复合地层的三维体系"地质是基础、盾构机是关键、人（管理）是根本"的成功应用，同时对华东地区盾构施工有重要的借鉴意义。

随着复合地层盾构技术创新和适用地质条件以及应用领域的不断突破，地下空间开发利用盾构法越来越广泛，已从轨道交通拓展到公路隧道、综合管廊工程等，水利、电力等单一性使用功能的隧道也逐步开始应用。本书除重点论述盾构技术外，还较详细地阐述千岛湖供配水工程的盾构隧道内大直径输水管道运输与安装技术、长距离隧道内焊接作业通风设计与施工管理、长距离盾构隧道内泵送混凝土配置与浇筑关键技术、长距离水压试验工艺及技术要求等内容。施工中为了攻克管道运输及安装难题，发明了"水工隧道管道安装台车、安装系统及安装方法"。上述创新在工法上取得重大突破，大大降低施工风险，实现了半机械化施工，取得了较大的社会效益和经济效益。目前，系列创新成果已被多个工程采纳并应用，推广效果显著。

作为我国应用盾构法的积极推动者，我很感谢他们的辛苦工作，并祝福他们能持之以恒地把这项工作坚持下去，为中国的盾构事业作出更大的贡献。

竺维彬

中国岩石力学与工程学会工程实例专委会主任委员

中国土木学会隧道及地下工程分会副理事长

广州轨道交通盾构技术研究所首席专家

广州地铁集团公司原常务副总经理

2022 年 10 月

目　　录

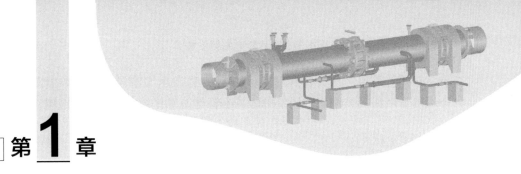

第 **1** 章

绪　论

1.1　引言

随着城市化快速发展所带来的经济发展与用水的矛盾日益突出，生活用水和工业用水急剧增加，对城市的用水及备用水源提出了严峻的考验。随着新"四化"和生态文明建设的不断推进，我国对水资源支撑保障能力提出了更高要求，将集中力量有序推进一批全局性、战略性节水供水重大水利工程，建设一批重大调水和饮水安全工程，提高水资源利用效率、改善水生态环境，促进区域协调发展。随着盾构法在大型输水隧道工程中的推广与应用，已陆续开工建设南水北调穿黄工程、上海青草沙水源地原水工程、云南滇中引水工程等一系列标志性工程。

近年来，输水工程呈现输水距离长、隧道内水压力大、穿越城市中心区域、施工条件复杂等建设趋势。千岛湖供配水工程输水线路全长为 111km，设计引水流量为 39m³/s，项目投资估算超 200 亿元。此工程项目的实施，意味着杭州千百年来的供水格局发生了改变，标志着杭州城市供水格局从以钱塘江为主的单一水源供应，转变为以千岛湖、钱塘江等多水源供水，杭州百姓用水安全和用水品质得到了极大提升。作为一项重大民生工程，不仅惠民利民、促进杭州发展，而且为中长途供水形式和施工技术奠定了新台阶。

本项目依托千岛湖供配水工程中杭州城北线Ⅲ标段工程的 G1～G3 盾构区间，主要从两方面进行深入研究：一方面，从盾构区间施工环境条件出发，在前人工程实践的基础上，系统研究了复合地层条件下大型地下工程长距离开挖中盾构机选型、刀盘刀具选型、渣土改良、管片优化，以及隧道施工技术，结合文献查询、现场调查、现场监测、理论分析、数值模拟等多种技术手段，针对本工程施工的关键节点深入剖析，形成一套较为完整的城市湿地复杂地质条件下盾构长距离施工技术，对全国乃至全世界的盾构工程实践而言，都具有较高的参考及应用价值；另一方面，通过理论分析、现场试验、现场监测、数值模拟等手段全面研究非开挖长大管线施工关键技术，特别是盾构隧道结构内大直径管道的运输、安装、对接等重要工序，旨在完善大直径管道在施工阶段的质量控制与品质提升，也可为当前同类型诸多城市中的供水管道施工提供宝贵的实践经验。

1.2 研究现状

1.2.1 复合地层盾构施工适应性及影响效应研究现状

1. 关于盾构机形式与复合地层适应性研究方面

尹吕超总结了日本盾构隧道的新技术，并给出了各类不同地层条件下适用的盾构机类型。张凤翔在《盾构隧道》一书中总结了盾构机的种类，以及各种盾构机适用的地层条件。张成总结了上海、广州、南京、深圳等地的地质特点，给出土压平衡盾构机对各类地层的适应条件，以及相应的刀盘、刀具的结构形式，并给出了适应各类地层的刀盘大小。白中仁介绍了适应广州特定复合地层特性的地铁 3 号线盾构机选型技术，以及相应的刀盘、刀具配置方案。何其平论述了适应南京地层条件的盾构机类型，以及相应的盾构机工作参数的选择。邝诺对适应北京地层特性的盾构技术进行论述。何伦在分析了各种刀具作用机理的基础上，结合对当今世界不同地质条件下盾构施工实例的分析，研究了与各种不同地质条件相适应的刀盘、刀具的组合形式。袁敏正通过对广州地铁 1、2 号线盾构机复合地层适应性有关的刀盘扭矩等主要技术参数和刀具布置形式的分析和研究，对其合理性进行了评价。竺维彬、鞠世健等通过在广州地铁施工中的实践，总结出版了《复合地层中的盾构施工技术》一书，系统地总结和论述了盾构机在复合地层中的施工技术。

2. 关于盾构机工作参数与复合地层相应地质的匹配性研究方面

张厚美结合广州市轨道交通 3 号线天河客运站~华南师大站盾构区间隧道工程的施工，应用正交试验技术研究土仓压力、推力、刀盘转速等主要掘进参数对掘进速度、刀盘扭矩的影响，并建立了土压平衡式盾构机在软土中的掘进速度数学模型和刀盘扭矩数学模型。张良辉结合广州地铁的建设，总结了广州地区复合地层的特点以及广州地区复合地层施工的难点，并对各方面的困难提出了相应的解决方案。杨洪杰以盾构机前方的隆起量作为主要控制量，讨论了盾构机各种控制参数的相互关系。杨书江对盾构机在硬岩及软硬地层的施工技术进行了研究，对盾构机在上软下硬的复合地层中掘进时盾构机刀盘的设置、掘进参数的选取做了系统分析，对掘进的各个环节给出了具体方法。

3. 关于盾构掘进对土体及周边环境扰动影响研究方面

周东运用弹性力学中的厚壁圆筒理论，得出盾尾间隙量的大小与地表沉降的关系（注浆量的充填效果通过影响盾尾间隙量，进而影响地表沉降）。赵华松通过数值模拟，建立了地面沉降与盾构机覆土厚度、盾构机直径、土层性质参数、土仓压力的经验公式。秦建设利用 FLAC3D 软件分别研究砂土地层和黏土地层中土仓支护压力与地表变形的关系。滕继立结合上海地铁 2 号线的施工，研究了施工参数对地表沉降的影响，包括正面支护压力、顶进推力、盾构掘进速度等。邓忠义结合上海复兴东路越江隧道盾构施工的大量监测数据，对盾构施工参数（切口水压、送泥密度、排泥密度、掘进速度、刀盘力矩、千斤顶顶力、注浆压力、注浆量、土砂量、掘削时间和盾构平面、高程、方位角、转角等）及开挖面的稳定与平衡进行了研究。

1.2.2　非开挖管道施工技术研究现状

我国的非开挖铺管技术发展起步相对较晚。自 1990 年以后，我国在引进国外先进技术的基础上，开始自主研发 HDD 钻机及冲击矛、夯管锤，并在市政工程中大力推广应用。近年来，随着导航定位精度的不断提高，施工设备能力的逐渐增强，以及管材业的高速发展，非开挖技术的应用也越来越广泛，铺管能力已由初期的单孔单管线、短距离小口径管线、单一钢管铺设发展到单孔多管线、长距离大口径管线、各种材质管道的铺设。在各种非开挖管道技术中应用较多的有顶管法、盾构法等。

我国非开挖技术的发展大致可以分为三个阶段：

第一阶段在 20 世纪 70 年代末至 80 年代中期。由于在城市管线施工中，往往会遇到不允许开挖路面的特殊情况，如北京市的东西长安街就不允许开挖，从而促进了现代非开挖技术在我国的发展。由于具有应急特征，所以技术水平不高，一旦工程结束，研制的设备也束之高阁，根本形不成产业和市场。

第二阶段在 20 世纪 80 年代中期至 90 年代中期。随着改革开放的深入，我国经济建设进入快速发展期，城市基础设施建设投入力度明显加大，对非开挖技术的需求也日益增加，逐渐出现了从国外引进非开挖技术装备的高潮。如中国石油管道工程局以及各地市政公司、煤气公司等在 10 年中引进的非开挖技术装备就有近百台，自然促进了非开挖技术在我国的发展。

第三阶段自 20 世纪 90 年代初开始，在引进国外技术和装备的同时，我国原地质矿产部等部委和系统开始自己开发研制非开挖技术和装备，并取得了一些可喜的成绩，同时涌现了一批专门或兼营非开挖技术的施工公司，从此进入了艰难的创业期。

目前，国内应用的非开挖设备主要有盾构机、顶管机、水平导向钻与定向钻、冲击矛与夯管锤等，主要技术如下：

（1）盾构掘进技术

盾构机通过排土系统中的螺旋输送机将刀盘切削系统切削下来的泥土输送到

地面，管片拼装机在盾构掘进过程中完成对管片的拼装任务，管片拼装完成后再将管道调入隧道进行安装。盾构机的实际应用范围较广且技术较为先进，维修方便，工作人员可以进入盾构机内部进行检查。盾构掘进技术作为一项先进的技术，在微型隧道非开挖技术方面起着引导性作用，为盾构机小型化的设计与研究提供了参考。

目前世界油气管道领域单次掘进距离最长、埋深最深、水压最大、直径最大的管道穿江盾构工程是中俄东线（永清～上海）天然气管道长江盾构穿越工程。长江盾构穿越工程在江苏南通开工，是中俄天然气东线全线的控制性工程，采用的"畅通号"盾构机是我国自主研制的世界上最小的直径常压刀盘盾构机。隧道内径为 6.8m，穿越水平长度为 10.226km，克服并突破了多项世界难题。

（2）顶管机技术

顶管机技术是针对不同施工条件下的一种不同于盾构掘进技术的新型非开挖技术，发展于盾构掘进技术之后，主要是对一些中型建筑地下天然气管道、供水排水管道和通信电缆管线的施工。在确定工作坑与接受坑的前提下，顶管机主要通过推进油缸的推力以及刀盘的切削力将两侧贯穿，同时在贯通的两基坑之间敷设预埋的混凝土管片。比如，上海市污水治理二期黄浦江倒虹管工程，盾构工作井位于浦东耀华支路，接收井位于龙华机场附近，两条 610m 的隧道采用泥水平衡式顶管机进行施工。目前，顶管机技术正在朝着长距离、大口径和近距离、小口径的方向发展，对城市非开挖技术的研究起一定的支持与引导作用，为小口径地下管道掘进机的研制奠定了基础。

（3）水平导向钻与定向钻技术

水平导向钻与水平定向钻两种钻进技术的工作原理大致相同。水平定向钻钻进技术多用于穿越河流、建筑物、障碍物等大口径、长距离的天然气和石油管道的铺设。水平定向钻进技术施工过程大致分为三段：一是根据始末位置确定好施工路线，水平定向钻按照施工路线钻出先导孔；二是根据施工要求的管径大小进行回拉扩孔；三是铺设地下管道，完成整个施工过程。例如，锦州市科技路燃气管线，采用水平定向钻施工技术，相较于其他施工方式来说，不仅节约成本，而且施工简单，不会对周边环境产生影响。水平导向钻与定向钻施工方法对施工场地要求较高，适用于较为松软的土层，但易出现地表凹陷、泥水堆积等问题。

（4）冲击矛与夯管锤技术

冲击矛与夯管锤技术工作原理相似。冲击矛技术是以气动或者液动的驱动方式进行非开挖铺管，利用冲击矛矛体的活塞做循环往复冲击运动，当活塞的冲击作用传递到钻子上时，不断冲击矛型钻具以切削前面的土体，并不断挤压周围土层，形成管道孔，将准备铺设的管道随着冲击矛的运动被拉进管道孔内。夯管锤技术是依靠低频、大功率的夯管锤将铺设的钢管一节一节地夯入地层，夯管锤技术不会引起地层结构变化。在铺管的过程中，可以用高压水枪、螺旋钻杆的将土排出，管道直径较大时可以人工清土。两种技术都具有简便易行和设备成本较低的优点，但均费时费力，需要功率较大的动力源，同时噪声大，不适合用于城市建设。

进入新世纪后，全球加快了城市化进程，城市化趋势不可逆转。为确保国民经济和可持续发展，加大城市地下空间有偿开发利用的力度，将城市相关的基础设施建设在地下已经成为未来城镇建设的必然发展方向，而首当其冲的是城市各类管网的地下化和城市交通的立体化。所以，推动非开挖技术的发展前景十分辉煌。

1.3　主要研究内容

本书依托千岛湖供配水工程中杭州城北线Ⅲ标段工程的 G1～G3 盾构区间，结合工程特点及工程实际情况对工程中施工重难点进行研究，着重对城市湿地复杂环境下盾构供水管线及输水管道施工技术进行研究，研究讨论了城市湿地复杂环境下盾构机的选型、渣土改良措施、不良地质段盾构掘进控制措施、邻近管线变形分析、小曲线盾构管片受力变形优化。采用资料搜集、现场调查、原位监测、数值模拟等研究方法制定相应的研究策略，最终归纳总结。本书的具体研究内容如下：

第 1 章：绪论。通过对盾构技术的发展历史、国内外研究现状的总结，结合项目实际工程特点，得到本书的研究内容。

第 2 章：城市湿地复合地层隧道施工风险分析及盾构机针对性设计研究。结合工程实际工况，有针对性地对盾构机进行优化。

第 3 章：城市湿地复合地层隧道掘进关键技术研究。分析了长距离盾构施工过程中主动换刀加固的施工方案，总结了换刀位置的选取原则，并通过对换刀位置加固过程和换刀过程中引起的邻近既有管线的位移进行分析，得到换刀方案的可行性与有效性。对盾构长距离施工过程中的盾构始发技术、长距离盾构施工配套设施设备、长距离盾尾密封刷更换等盾构施工关键辅助技术进行系统介绍。

第 4 章：湿地复杂环境盾构掘进引起的邻近带压管线变形实测与分析。分析在城市湿地地质条件下，同一盾构工程中盾构近距离斜下穿高压管线、盾构水平并行高压管线、盾构竖向并行中压管线三种典型施工工况，同时对比三种盾构穿越方式对既有管线的影响程度，总结得出影响程度最大的穿越方式。以此规律为依据，提出相应的变形控制措施，优化盾构掘进参数，以期指导后续施工及同类型工程。

第 5 章：小曲线施工盾构管片受力变形及优化研究。利用地层结构法，建立盾构机、盾尾混凝土管片、混凝土管片连接螺栓、管片内部受力钢筋多单位耦合的精细化结合数值模型，模拟高地下水位富水城市湿地地层小曲线半径段盾构施工时盾尾管片位移、隧道断面收敛变化、螺栓连接的应力变化、管片内钢筋的变形及应力变化情况，得到盾尾管片上浮规律以及管片、钢筋、螺栓的内力变化特征与规律；进一步通过改变拱顶钢筋直径优化盾构受力结构；另改变盾构机千斤顶推拉力大小，以盾构上浮量与内力变化为参考值，得到合理施工参数，达到优质安全、经济合理的目的。

第 6 章：盾构隧道内长大输水管道安装施工技术研究。依托工程特点详细分析非开挖管道施工技术的重难点，结合 BIM 技术可视化的特点，对管道安装过程进行虚拟仿真模拟，得到详细的非开挖供水管道狭小空间施工关键技术以确保施工安装过程的安全性、经济性与合理性。

第 7 章：长距离隧道内焊接作业通风设计与施工管理研究。开展长距离隧道内焊接作业通风设计与施工管理研究，通过理论计算分析，合理布置风机及通风方式，通过现场施工组织管理，有效地解决有限空间焊接作业人员安全及焊接质量的问题，确保施工安装过程的安全性。

第 8 章：长距离隧道内泵送混凝土配制与浇筑关键技术研究。开展长距离隧道内混凝土浇筑施工技术研究，通过系统的理论研究，优化混凝土配合比设计，实现长距离混凝土输送，并形成长距离盾构隧道内集钢管运输、安装及混凝土浇筑为一体的施工方法。

第 9 章：供水管线盾构段水压试验工艺及技术要求。供水管线盾构段水压试验的检验结果及现场监测数据表明，采用非开挖技术进行供水管道的施工可以减少对周围环境的影响，具有良好的社会效益和经济效益。

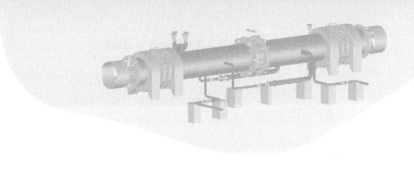

第 **2** 章

城市湿地复合地层隧道施工风险分析
及盾构机针对性设计研究

2.1 工程概况

2.1.1 项目概况

由中铁七局集团有限公司承建的杭州市大毛坞~仁和大道供水管道工程Ⅲ标段位于西湖区及余杭区。本工程包括 3 个盾构工作井及 2 个盾构区间，分别为 G1 盾构工作井、G2 盾构工作井、G3 盾构工作井、G1~G2 盾构区间、G2~G3 盾构区间。盾构隧道开挖外径为 6200mm，内径为 5500mm，盾构管片厚度为 350mm，宽度为 1200mm，盾构隧道内置 DN3400 供水管道。管片是楔形量为 49.6mm（双面楔形）的预制钢筋混凝土管片，管片混凝土强度等级为 C50，每环管片由 1 块封顶块、2 块邻接块和 3 块标准块构成。项目总体概况如图 2.1-1 所示。

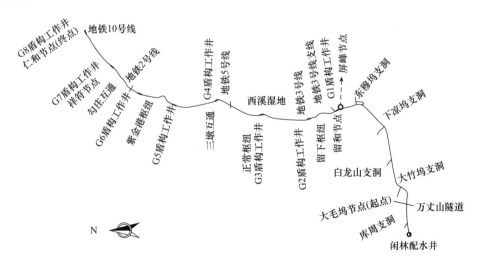

图 2.1-1 项目总体概况

1. 盾构工作井概况

G1 盾构工作井位于杭州市绕城高速以西，留和路以南，为盾构接收井。G1 盾构工作井采用明挖顺作法施工，盾构工作井主体结构长 34.10m，宽 18.10m，基坑最大开挖深度为 32.10m。主体结构地下连续墙厚度为 1000mm，基坑共设置 7 道内支撑，其中 2 道混凝土支撑和 5 道钢支撑。标准幅幅长 5m/5.7m，最大幅深 23m。

G2 盾构工作井位于绕城高速以东，五常大道以北，为盾构始发井。G2 盾构工作井采用明挖顺作法（下部框架逆作法）施工，主体结构长 50.0m，宽 15.0m，井深 31.7m，为地下 4 层明挖结构。主体结构地下连续墙厚度为 1200mm，标准幅幅长 5m/5.5m，最大幅深 40m。

G3 盾构工作井为转折井，沿轴线方向长 72m，宽 15m，分为两个区，北区深 27.8m，为地下 3 层明挖结构，采用明挖顺作法（下部框架逆作法）施工。南区深 18m，为地下 2 层明挖结构，采用明挖顺作法施工。围护结构采用地下连续墙与支撑的结合形式，地下连续墙深 41.6m，北区厚度为 1.2m、南区厚度为 1m。

2. 盾构区间概况

G1～G2 盾构区间全长 2119.347m。盾构机出 G2 盾构工作井后，分别以 0.565%、2.5%、-0.3%、-1.051%、2.046%、0.635% 的坡度到达 G1 盾构工作井。

3. 钢管施工概况

钢管为 DN3436 钢管，外径为 3496mm，壁厚 30mm。钢管加工采用场外加工方式，由厂家运输至施工现。现场安装工作主要包括井口吊装、隧道运输、钢管对接、焊接、内防腐、钢筋混凝土、排水等综合性工程。外防腐采用静压喷涂环氧粉末，厚度为 $400\mu m$，内防腐采用白色水泥砂浆干膜，厚度为 $18000\mu m$；为防止固定管道基础的混凝土与隧道管片混凝土相互碰撞，底部隔离层采用自粘式 SBS 垫层，厚度为 12mm。G1～G2 盾构区间钢管安装纵剖图如图 2.1-2 所示。

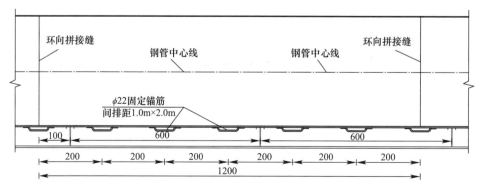

图 2.1-2　G1～G2 盾构区间钢管安装纵剖图

　　G1～G2盾构区间全长2119.067m，钢管安装从G1工作井向G2工作井单向作业。施工范围如图2.1-3所示。

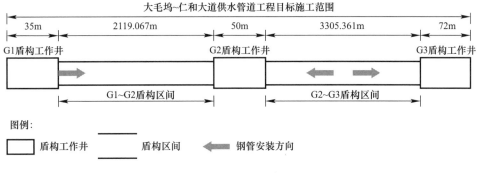

图 2.1-3　施工范围

2.1.2　周边环境

　　在盾构隧道施工过程中，由于扰动了土体，必然会造成隧道周边围岩不同程度的变形。如果是浅埋隧道，其上部土体的变形会更严重。因此，在盾构施工过程中，防止围岩变形，控制地面沉降量，保护地面和地下建筑物和管线的安全就成为重要的因素。

　　大毛坞～仁和大道供水管道工程Ⅲ标段，由2座盾构工作井与1个盾构区间组成，分别为G2盾构工作井、G3盾构工作井、G2～G3盾构区间，以下分别是2个始发井G3、G2与1个盾构区间周围建（构）筑物的情况描述。项目周边管线汇总如表2.1-1所示。

项目周边管线汇总　　　　　　　　　　　　　　表2.1-1

G2盾构工作井周边管线	根据施工图及各单位管线交底的要求，燃气管道距离基坑63.65m，燃气排气口距离基坑16.5m。南侧距离基坑43.6m为港华中低压燃气线。经调查，施工场地范围内没有影响施工作业的管线
G2～G3盾构区间沿线管线	沿线并行（下穿）高压/中压天然气管道
G3盾构工作井周边管线	根据施工图及各单位管线交底的要求，G3盾构工作井周边只有一条港华中压天然气管道，离盾构工作井最近距离约17.2m

　　1. G3盾构工作井周边管线

　　根据施工图及各单位管线交底的要求，G3盾构工作井周边只有一条港华中压天然气管道，与盾构工作井最近距离约17.2m，G3盾构工作井周边管线分布情况见图2.1-4。

　　2. G2～G3盾构区间沿线管线

　　沿线并行（下穿）高压天然气管道。天然气设计压力为4.0MPa，设计管径为 610mm，管道壁厚 11.9mm。高压燃气管在里程 K5＋200.00 处上穿管道，埋深 4.6m，管顶标高－0.70m，管底至隧道顶 6.6m；在里程 K2＋716.00 处埋深 12.8m，管顶标高－8.80m，管底至隧道顶 9.5m。沿线管道与隧道最小竖向净距约 6.6m，并行区段水平净距约 11.7m。管道在 G2～G3 盾构区间均为地埋，没有阀门，在 G2 盾构工作井西侧存在的西郊调压站及泄气孔，距离 G2 盾构工作井两侧外边缘垂直距离为 16.5m。

图 2.1-4　G3 盾构工作井周边管线分布情况

3. G2 盾构工作井周边管线

G2 盾构工作井位于杭州绕城高速以东 120m，五常大道以北 46m，沿南北方向布置，基坑和绕城高速之间有杭州燃气公司，占地范围 34m×39m，进出站点的管道均在西侧（远离盾构工作井侧），站内房屋与盾构工作井最近距离为 35.8m，根据施工图及各单位管线交底的要求，燃气管道距离基坑 63.65m，燃气排气口距离基坑 16.5m。南侧距离基坑 43.6m 处为港华中低压燃气线。经调查，施工场地范围内没有影响施工作业的管线。G2 盾构工作井平面布置图如图 2.1-5 所示。

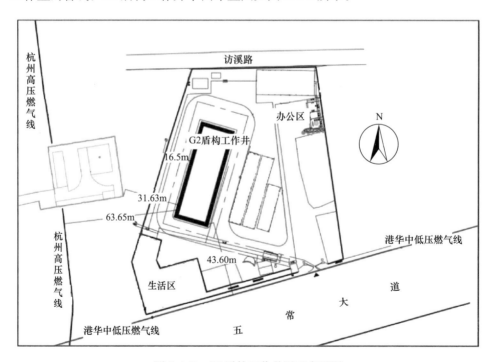

图 2.1-5　G2 盾构工作井平面布置图

2.2　工程水文地质条件

2.2.1　地质条件

场地勘探深度内揭露的岩（土）层分为 10 个大层，28 个亚层，岩土地层描述如表 2.2-1所示。

岩土地层描述 表 2.2-1

地层编号	岩层名称	地层描述
①$_0$	杂填土	呈杂色，一般含 25%～50%的碎石、砖块、混凝土等建筑垃圾，粒径 5～20cm，稍密为主，不均匀，局部地段地表分布有 20～40cm 的素混凝土或条石，素填土以粉质黏土为主，灰褐色、灰黄色，可塑，局部含植物根茎及少量腐殖质，土面光滑，摇震反应缓慢，干强度中等，韧性中等，均匀性差。因该层对盾构区间影响不大，故杂填土、素填土未细分
①	粉质黏土	黄褐色、灰黄色，局部灰色，可塑为主，局部软塑，含植物根茎，土面光滑，摇震反应缓慢，干强度中等，韧性中等
②	淤泥质粉质黏土	灰色，流塑，局部含植物根茎或少量腐殖质，土面有油脂光泽，无摇震反应，干强度高，韧性高
②$_1$	粉砂	灰色，主要由长石、石英、云母组成，级配良好，浑圆状，湿～很湿，稍密，局部含少量圆砾
②$_2$	砂质粉土	灰色，含少量贝壳碎片及团块状淤泥质粉质黏土，湿～很湿，稍密，摇震反应迅速，土面粗糙，干强度低，韧性低
④$_1$	淤泥质粉质黏土	局部为淤泥质粉土，灰色、青灰色，流塑，局部含腐殖质，土面有油脂光泽，无摇震反应，干强度高，韧性高
④$_2$	粉质黏土	粉质黏土为主，局部为黏土，灰黄色、灰蓝色、黄绿色、褐黄色、浅黄色，颜色较杂，可塑为主，局部硬塑，含铁锰质结核，土面光滑，局部有油脂光泽，摇震反应缓慢～无，干强度中等～高，韧性中等～高
④$_3$	粉土或砂土	灰黄色、黄色，局部灰色，含较多的云母碎片，湿～很湿，稍密～中密，摇震反应迅速，土面粗糙，干强度低，韧性低，薄层状～中厚层状
⑥$_1$	粉质黏土	夹较多粉土，局部呈粉质黏土与粉土互层状，灰黄色为主，可塑为主，局部软塑，土面粗糙，摇震反应中等～迅速，干强度中等，韧性中等～低，局部粉粒含量较多，相变为黏质粉土
⑦$_{sil}$	淤泥质粉质黏土	灰色，流塑～软塑，土面有油脂光泽，无摇震反应，干强度高，韧性高，具较强的结构性
⑧$_{2-1}$	粉质黏土	局部为黏土，灰色，软塑～可塑，局部含贝壳碎片、腐木，无摇震反应，干强度高，土面有油脂光泽，韧性高
⑤$_{2-2}$	含砂粉质黏土	灰色，软塑，含较多的云母碎片，土面粗糙，摇震反应缓慢～迅速、干强度中等，韧性中等～低

11

续表

地层编号	岩层名称	地层描述
⑤₃	砂土	中细砂为主，局部为砂质粉土，灰黄色，主要由长石、石英、云母组成，级配良好，浑圆状，很湿，稍密~中密
⑥₁	粉质黏土	全线以粉质黏土为主，局部为黏土，以灰蓝色、灰褐色及灰色为主，颜色较为杂乱，可塑为主，局部硬塑，含铁锰质结核及少量粉土，土面粗糙，摇震反应缓慢，干强度中等，韧性中等
⑥₃₋₁	含泥粉细砂、砾砂	黄色，主要由长石、石英、云母组成，级配良好，浑圆状~次棱角状，饱和，中密
⑥₃₋₂	含泥圆砾	灰黄色、黄色、灰色，级配中等，浑圆状~次棱角状，由硬质的砂岩、泥质粉砂岩等风化而成，圆砾、卵石中等风化~未风化，泥质充填，充填程度饱满，中密~密实
⑨₃₋₃	粉质黏土	以粉质黏土为主，局部相变为黏土，灰色，可塑~软塑，局部流塑，零星地方夹较多的贝壳碎片或少量砂性土，无摇震反应，干强度中等，土面光滑
⑥₃₋₄	砂土	局部为含泥砾砂，灰色，主要由长石、石英、云母组成，级配良好，浑圆状，饱和，中密~密实
⑦₁	粉质黏土	局部为黏土，颜色杂乱，以灰绿色、黄褐色为主，可塑~硬塑，含铁锰质结核，土面光滑，局部土面有油脂光泽，摇震反应缓慢~无，干强度中等，韧性中等~高，表层有干缩裂纹
⑦₂₋₁	含泥粉细砂、砾砂	灰色、黄色，主要由长石、石英、云母组成，级配良好，浑圆状~次棱角状，饱和，中密
⑦₂₋₂	含泥圆砾、卵石	灰黄色、黄色、灰色，级配中等，磨圆好，呈浑圆状，聚粒结构，圆砾、卵石由硬质的砂岩、泥质粉砂岩等风化而成，圆砾、卵石中等风化~未风化，泥质充填，充填程度饱满，中密~密实。局部夹粉质黏土透镜体，灰黄色可塑
⑧₁	粉质黏土	为基底岩层的残坡积黏性土，颜色以灰绿色、灰蓝色为主，硬塑~可塑，含少量云母，土面光滑，摇震反应缓慢，干强度中等，韧性中等
⑩₂	含碎石粉质黏土	为残坡积土层，灰黄色，硬塑~可塑，含砾砂、角砾、碎石，土面光滑~粗糙，摇震反应缓慢，干强度中等，韧性中等
⑨₁	卵石	灰黄色，主要分布于屏峰节点至留和节点埋管段的下伏地层中，级配不良。次棱角状~浑圆状，单粒结构，由各种成因的砂岩风化而成，中等风化~微风化，泥质充填，充填程度中等，密实状
⑩₁	全风化基岩	紫红色、灰黄色、灰绿色，岩石呈坚硬黏土夹中粗砂、砾砂状，原岩结构依稀可辨，矿物结构已破坏，手捏易碎，遇水易崩解、软化，偶见强风化岩屑、碎块
⑩₂	强风化基岩	岩块结构大部分破坏，矿物成分显著变化，风化裂隙发育，岩石风化程度差异较大，从上到下渐变，上差下好，岩芯呈碎、块石状，颜色因原岩情况不同，以灰黄色、紫红色为主，其节理面多见铁锈色和黑色，为铁锰质渲染
⑩₃	中风化基岩	岩块结构部分破坏，风化裂隙发育，锤击声不清脆，较易击碎。岩芯因岩性不同（泥质粉砂岩、粉砂质泥岩、泥岩、砂砾岩，含砾砂岩）呈块状或 5~25cm 短柱状，节理面偶见铁锰质渲染

续表

地层编号	岩层名称	地层描述
⑩₄	中风化基岩	岩块结构部分破坏，风化裂隙发育，锤击声不清脆，较易击碎。岩芯因岩性不同（泥质粉砂岩、粉砂质泥岩、泥岩、砂砾岩，含砾砂岩）呈块状或 5～25cm 短柱状，节理面偶见铁锰质渲染

2.2.2　水文概况

（1）潜水：潜水主要赋存于浅部黏性土层中，受区域地质、地形地貌及地表水体等条件的控制。其补给水主要为大气降水和沿线地表水体，以大气蒸发及向附近地表水体径流为其主要的排泄方式，且其补给、径流、排泄条件受周围地形、地貌的影响。本次勘察期间实测潜水水位埋深为 0.30～5.00m，高程为 0.10～2.50m。杭州地区降雨主要集中在每年的 6～9 月，在此期间，地下水位高；旱季为每年的 12 月至下一年的 3 月，在此期间，地下水位低，年水位变幅约为 1m。

（2）微承压水：根据本次勘察揭示，沿线场地微承压水含水层主要为④₃层粉土或砂土，⑤₃层砂土，⑥₃₋₁层含泥粉细砂、砾砂，⑥₃₋₂层含泥圆砾，⑥₃₋₄层砂土，上述含水层分布较稳定，其主要补给来源为大气降水、周围地表水体及上部潜水，以民间水井取水及地下径流为其主要的排泄方式。

（3）承压水：根据本次勘察揭示，本场地承压含水层主要为⑦₂₋₁层含泥粉细砂、砾砂及⑦₂₋₂层含泥圆砾、卵石，根据各盾构工作井注水试验的成果资料可知：承压含水层水头高程一般为 0.50～1.50m，年变幅 1m 左右。

2.3　工程施工重难点分析及措施建议

（1）G3 盾构工作井始发端地层主要为淤泥质粉质黏土层，此类黏土干强度高，韧性高，局部性质较差，洞口土体的结构、应力稳定性变化快，极易引起大面积滑移坍塌。G2 盾构工作井接收端地层主要为强风化基岩、中风化基岩，其岩块结构部分被破坏，风化裂隙发育，易碎，易发生涌水、涌砂。此外，在盾构始发接收井周围均布带压燃气管线，减少对已有管线的扰动影响，是工程必须解决的问题。对此针对性的措施建议为：

1）做好盾构始发井、接收井的加固与止水工作，进行必要的加固强度及效果检测，确保达到设计要求后可继续施工。

2）盾构工作井施工以及盾构始发接收施工时，加强对周边带压管线的监测工作，提高监测频率，如遇监测数据突变或监测累计值超标，应立即停止作业。

（2）本区间隧道地质条件多变，存在中风化岩层、圆砾卵石、粉砂、黏性土层、淤泥层，盾构机在掘进至淤泥、淤泥质黏土地层时，盾构机容易栽头，管片易上浮有破损，且黏土层黏粒含量大，渣土改良效果不佳时，刀盘土仓易结泥饼；掘进至全断面硬岩、圆砾、卵石层，因盾构区间距离长，刀盘刀具磨损严重且对盾构机扭矩及推力要求较高，并且对刀盘刀具的耐磨性要求更高；掘进至卵石层，因其具有高透水性，开挖面不稳定，沉降控制难度大、易发生喷涌。针对性的措施建议为：

1) 在盾构机选型时，针对本盾构区间的地质特性，对盾构机的形式、刀盘的形式、刀具的选择及布置等进行专项讨论，对设备的推力、刀盘的扭矩、螺旋输送机驱动功率等内容进行适应性计算，确定最优参数值。

2) 需要对全断面软土地层、软硬不均地层、全断面硬岩地层制定合理的渣土改良方案，包括渣土剂的选择、渣土剂添加量的确定等内容，保证渣土改良效果，避免渣土离析。

（3）盾构长距离穿越富水地层，G2～G3 盾构区间长约3305m，且设置6个平面缓和曲线，最小曲线半径为400m。盾构区间全部处于西溪湿地此类复杂富水的地层，这对盾构隧道的轴线控制以及管片上浮控制是难点，如果管片上浮量过大，极有可能导致盾构管片环与环之间的止水条失效，而随之产生超量的环间错台量，会随着盾构掘进使得管片局部应力集中，管片产生裂缝甚至破损，降低盾构管片的工作性能。针对性的措施建议如下：

1) 稳定盾构机的姿态，盾构机纠偏采取勤纠、缓纠的方式，严禁大趋向纠偏，保持盾构机抬头掘进，使千斤顶始终给管片向下的分力，抑制管片的上浮。

2) 适当提高注浆压力并保证同步注浆的质量。

3) 对较松软的地层应采取较低的掘进速度，对密实或强度高的岩层应采取较快的掘进速度。

（4）施工区间沿线多次穿越且并行有压天然气管道。盾构穿越天然气管道时，土体在动力作用下扰动后极易产生变形，引起天然气管道变形过大甚至开裂。在到达管线前，如果土压力设置过大、出土量少，会对前方土体进行挤压，土压力升高，天然气管道原本四周平衡的状态就会发生变化，单侧局部荷载增大，管道会产生变形，反之产生局部超挖，造成盾构机前方土体坍塌，严重危害天然气管道的安全。保证隧道穿越时土体稳定、管道不受破坏的针对性措施有：

1) 盾构掘进要保持连续，在掘进时，盾构机操作手及土建工程师随时观察和分析扭矩、土压力波动，并始终让刀盘及螺旋输送机工作油压保持正常。

2) 做好管线的监测工作，穿越关键节点时提高监测频率。做好监测数据的整理与分析工作，对管线有可能出现的灾变情况提前预警。

3) 编制专项施工方案，制定应急预案，穿越前7d通知管道的业主单位，管道的业主单位指派专人到现场进行管道保护安全指导，在穿越各阶段位置，地面及时测量放线并做好标识及防护工作。

（5）在内径 5.5m 的盾构隧道内安装 DN3496mm 钢管属国内首例。近年来，盾构法一般应用在地铁隧道施工及综合管廊施工，供水工程一般采用钻爆法山体隧道引水或者就近埋地管道引水。采用盾构法隧道内敷设大直径供水管道，将原生千岛湖水源，无需经过水厂再次处理直接引至千家万户，这种供水方式在国内是首例。

（6）结合盾构施工完成后的实际情况，研发大直径管道运输设备及施工工艺，可以有效地提高施工工效。本工程单线盾构区间长度为 3.3km，距离长，盾构施工时的附属设施，包括电缆、钢轨、进水管、排水管、走道板等，如果进行拆除后再进行钢管施工作业，浪费时间和成本。为了能在盾构掘进完成后立即进行钢管安装作业，结合现场工况，研发合理的运输设备及施工工艺以期实现工期及经济效益的双赢局面。

（7）钢管安装的精度要求与钢管排布、加工精度密切相关。掘进完成的成型隧道存在平面缓和曲线、竖曲线，以及施工误差，钢管在加工时，其精度也有误差，钢管本身受区间隧道线形的影响，其每一节两端均存在异形斜口。在钢管加工阶段，选择先进的设备及检测方法，保证其加工质量，是保证后期顺利安装的关键。

（8）有限空间内钢管精准对接及有效安装设备的研发是重难点。钢管在有限空间内进行安装，钢管的左右两边是后期运营的巡视通道及其他设施的安装位置，在钢管的顶部敷设强、弱电缆，在钢管的底部浇筑混凝土基础，所以，每一节钢管的位置偏差要在设计偏差范围之内。275 根钢管的对接导致的累计误差，在有限空间内很难被处理，研发一种能够精准对接的设备及工艺是重中之重。

（9）长距离盾构隧道内有限空间大批量焊接作业，如何控制隧道通风与二氧化碳气体保护焊的相互影响与制约是关键。在长距离有限空间内，为了保证人员作业安全，要有必要的排风措施，而采用二氧化碳气体保护焊接对风量、风速也有严格的要求。在长距离隧道内，如此集中的大规模焊接作业，采用有效的通风方式，可以保证人员作业安全及焊接质量。

（10）3.3km 长距离盾构隧道有限空间内，大方量混凝土浇筑是确保质量和进度的关键。混凝土浇筑施工本身并不复杂，但是在有限空间内，长距离浇筑，其对设备选择，混凝土配合比研制，施工组织安全都是重大的考验。如果浇筑不顺畅，会造成堵管，那么清理、拆除、重新安装及浇筑会浪费大量的时间和成本，这也是本工程的一大难题。

（11）全线 23km 整体水压试验，如何保证一次试压成功是保证通水的重要条件。盾构区间长度分别为 3.3km、2.2km，规范要求压力管道水压试验的管段长度不宜大于 1.0km，结合实际工况，深入研究整体试压方案的可行性，完善其相应的程序，是保证试压一次成功的关键，也是满足业主通水条件并给杭州市民兑现承诺的重要条件。

2.4 城市湿地复合地层盾构机针对性设计

2.4.1 盾构机防栽头的针对性设计

（1）根据杭州、福州、苏州类似地质条件掘进的成功案例，盾构机主机的重力约 3270kN，盾构机主机的重心位置位于刀盘后方 2.8～2.9m，是防止盾构机栽头的比较合理的参数，本盾构机类比杭州地区应用较好的盾构机，重新配置轻型复合刀盘，主机重力约 3270kN，盾构机的重心位置为刀盘后 2.856m。

1）淤泥盾体的浮力与承载力计算，盾构机盾体重心示意图如图 2.4-1 所示。

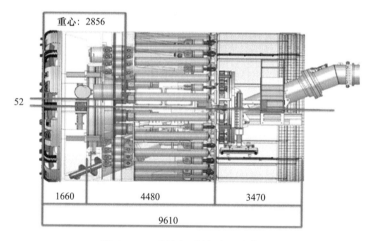

图 2.4-1　盾构机盾体重心示意图

① 淤泥盾体的浮力：

$$F_{浮} = \pi \times R^2 \times L_2 \times g \times \rho$$
$$= 3.14 \times 3.24^2 \times 4.48 \times 1.78 \times 10 \approx 2629(kN) \tag{2.4-1}$$

式中　R——盾构机的半径，6.48/2m＝3.24m；

g——重力加速度，10N/kg；

ρ——淤泥的密度，1.78t/m³；

L_2——土仓隔板到尾盾铰接距离，4.48m。

② 淤泥盾体的承载力：

$$F_承 = S \times f_k = D \times L_1 \times f_k$$
$$= 6.48 \times 6.14 \times 70 \approx 2785 (\text{kN}) \tag{2.4-2}$$

式中　S——盾体的水平投影面积，m^2；

　　　D——盾构机的直径，6.48m；

　　　f_k——淤泥质粉质黏土的承载力，70kPa；

　　　L_1——刀盘＋前盾＋中盾体长度，为 6.14m。

2）主机重力：

$$F_重 = 3270\text{kN}$$

3）盾体翻转力矩计算：

盾体翻转力矩示意图如图 2.4-2 所示，经计算得出：

$$N_{翻转力矩} \approx 10739\text{kN} \cdot \text{m}$$

$$N_{承载力矩} \approx 8550\text{kN} \cdot \text{m}$$

$$N_{浮力力矩} \approx 5889\text{kN} \cdot \text{m}$$

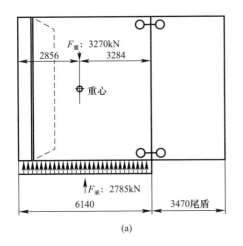 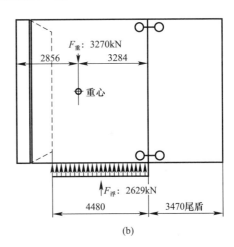

(a) (b)

图 2.4-2　盾体翻转力矩示意图

（a）承载力矩简化示意图；（b）浮起力矩简化示意图

4）结论：

$$F_浮 + F_承 > F_重$$

$$N_{承载力矩} + N_{浮力力矩} > N_{翻转力矩}$$

根据上述计算：盾构机主机在淤泥层内，盾构机总重小于浮力与承载力之和，盾构机不会下沉。

盾构机主机在淤泥层内，主机的翻转力矩小于承载力矩和浮力力矩之和，盾构机不会栽头。

（2）主机推进油缸任意分组。主推进的每根油缸可以实现压力、流量的单独或任意分组控制，同其他机型的分区控制相比较而言，任意分组的盾构机姿态控制更为灵活、方便，效率可提高 50%，可有效地解决盾构机在本盾构区间淤泥质黏土地层的栽头问题。

（3）主动铰接＋被动铰接设计，使调整姿态变得更加方便、更加灵活、更加便捷，通过调整铰接油缸的行程差可有效地调整盾构机的掘进趋势，满足盾构机姿态与设计轴线的吻合，防止掘进过程栽头现象的发生。

（4）加强渣土改良系统。在刀盘配置 7 路单管单泵泡沫系统，增加 1 路膨润土系统，与原设备配置的 1 路膨润土系统，为土仓内（6 路）、螺旋机（4 路）、盾壳（6 路）注入改良膨润土和润滑膨润土，增强渣土改良效果，保证盾构出土顺畅，保持盾构机在淤泥质黏土地层的连续、快速掘进。

（5）控制管片上浮。盾构机配置的注浆泵能够注厚浆，浆液可以快速固定管片。设备上预留有二次注浆平台，配置二次注浆系统，及时对脱出盾尾 5 环的管片背后补浆，控制管片上浮及地表沉降。

2.4.2 针对卵石、砂岩地层掘进的设计

（1）针对距离长、磨损大的特点，强化刀盘（刀具）和螺旋机的耐磨设计。

1）对刀盘的正面、背面、周边及弧形区域的耐磨设计进行了强化。

2）对螺旋机进行耐磨设计（筒体、叶片及螺旋轴的耐磨采用了通长设计）。

3）土仓内下部 90° 内满铺特种耐磨合金。

（2）针对刀盘刀具的磨损和开挖直径不足造成盾构机卡死现象的设计。

1）前盾及中盾预留径向孔，可从径向孔注入膨润土，润滑盾壳。

2）盾体采用倒锥形设计，避免卡死。

（3）针对硬岩地层掘进，刀具更换频繁，换刀效率低的设计。

所有的刀具均为背装式及可拆卸式，可以在开挖仓内进行拆卸和更换。

2.4.3 防刀盘结泥饼设计

刀盘开口率为 34%，中心区域开口率为 40%，刀盘开口率设计更便于渣土的流动，中间的开口率较高，从而使中间部位的渣土极易进入土仓，使得刀盘中心部分的压力时刻被控制。设备配置 7 路单管单泵的泡沫系统，增加渣土的改良效果，在膨润土系统中设置 2 台螺杆泵。刀盘背部及前盾前部设计主动、被动搅拌棒，增大渣土流动性，进一步降低结泥饼的风险。

2.4.4 关于螺旋机和皮带机的设计

配备 $DN850$ 螺旋机和 914mm 宽度的皮带机，最大排渣能力：螺旋机 $>430 m^3/h$，皮带机 $>800 m^3/h$。

皮带机变频电机驱动，带速为 $0 \sim 3.15 \mathrm{m/s}$，驱动功率为 37kW。

2.4.5　渣土改良设计

1. 渣土改良室内试验

（1）泡沫剂性能测试试验

1）试验设备

包括发泡装置和半衰期试验装置两部分。发泡装置包括强力电动搅拌器、数显控制器，半衰期试验装置包括标准漏斗和量筒（量程为 50mL），用手机秒表功能记录时间，试验主要设备如图 2.4-3 所示。

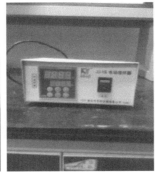

图 2.4-3　试验主要设备

2）测量发泡倍率试验

① 发泡倍率试验设计及结果

本试验发泡搅拌设备参数：搅拌器转速为 2000r/min，搅拌时间为 2min；泡沫剂原液与水的体积按照 1：199、1：99、1：49、3：97、1：24、1：19、7：93、1：9 的比例配制泡沫剂溶液，泡沫剂溶液浓度如表 2.4-1 所示。发泡量通过量杯（500mL）测量，每次搅拌完成后读取数据，不同浓度的泡沫剂发泡量试验统计结果如表 2.4-2 所示，高、低两种浓度泡沫剂发泡效果对比图如图 2.4-4 所示。

泡沫剂溶液浓度　　　　　　　　　　　　　　　表 2.4-1

浓度	泡沫剂原液（mL）	水（mL）
0.5%（1：200）	1	199
1%（1：100）	2	198
2%（1：100）	4	196
3%（1：100）	6	194
4%（1：100）	8	192

续表

浓度	泡沫剂原液（mL）	水（mL）
5%（1：100）	10	190
7%（1：100）	14	186
10%（1：100）	20	180

不同浓度的泡沫剂发泡量试验统计结果　　　　　　表 2.4-2

浓度	序号	发泡量（mL）	发泡量均值（mL）
0.5%	1	150	—
	2	150	150
	3	150	—
1%	1	250	—
	2	250	250
	3	250	—
2%	1	280	—
	2	300	293.33
	3	300	—
3%	1	330	—
	2	330	320
	3	300	—
4%	1	330	—
	2	330	323.33
	3	310	—
5%	1	300	—
	2	350	326.67
	3	330	—
7%	1	350	—
	2	320	333.33
	3	330	—
10%	1	300	—
	2	340	323.33
	3	330	—

② 泡沫剂发泡试验结果对比分析

由图 2.4-5 可知：在使用特定的泡沫剂的前提下，在一定范围内随着泡沫剂浓度的增加，发泡量逐渐增大，超过这一范围，相同体积泡沫剂的发泡量有所下降，但不是很明显，这表明：并非浓度越高，相同体积泡沫剂的发泡量就越大，肯定有合理的浓度区间，使得发泡量最优化。发泡倍率为单位体积泡沫剂溶液所发出气泡的体积，通过计算可得到不同浓度条件下的发泡倍率，如表 2.4-3 所示。

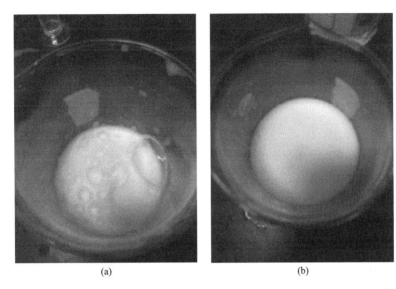

(a)　　　　　　　　　　　　　(b)

图 2.4-4　高、低两种浓度泡沫剂发泡效果对比图
(a) 浓度 0.5%；(b) 浓度为 3%

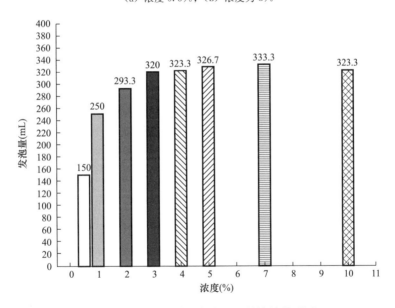

图 2.4-5　泡沫剂浓度与发泡量的统计关系图

依据表 2.4-3 和图 2.4-5 中的结果，绘制在相同体积的泡沫剂下，泡沫剂浓度与发泡量、发泡倍率的关系曲线如图 2.4-6 所示。由图 2.4-6 可知：当泡沫剂的浓度小于 2% 时，随着浓度的增加，相同体积泡沫剂的发泡量和发泡倍率急剧增加，当浓度超过 2% 时，两者增加的速度变缓，发泡量和发泡倍率的变化量相对较小，还可能减小，因此合理的泡沫剂浓度为 2%～7.5%。依据现有研究

成果，室内试验的泡沫剂评价指标的发泡倍率应当大于8，合理的泡沫剂浓度为3%～10%，因此本研究所采用的泡沫剂在工程应用中合理的泡沫剂浓度建议值为3%～7.5%。

不同浓度条件下的发泡倍率   表2.4-3

浓度	0.5%	1%	2%	3%	4%	5%	7%	10%
发泡倍率平均值	3.75	6.25	7.33	8	8.08	8.17	8.33	8.08

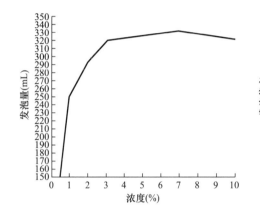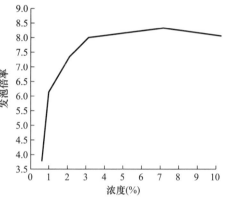

图2.4-6　泡沫剂浓度与发泡量、发泡倍率的关系曲线

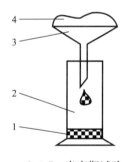

2.4-7　半衰期试验
装置
1—析出液体；2—量筒；
3—收集器；4—泡沫

3）泡沫剂稳定性试验

① 半衰期试验设计

泡沫剂稳定性的测量试验为半衰期试验，该试验简单、易操作。半衰期试验装置（图2.4-7）为一个测定排液曲线的装置。将采用上节所述的发泡装置生成的泡沫剂用标准漏斗收集，在标准大气压下测量泡沫破灭后的液体量，当漏斗收集满泡沫后记录时间和排出液体的体积，测得多组数据后，绘制时间-排液曲线，如图2.4-8所示，时间-排液曲线存在一条水平的渐近线，其对应的体积，即停止收集泡沫时漏斗内泡沫的总持液量，通过该条曲线可用图解法计算出泡沫剂的半衰期。泡沫消失而析出的液体从漏斗的下部流出时，泡沫与漏斗发生机械碰撞、摩擦、湿润效应等，使用时保持漏斗的清洁即可排除影响。

② 试验结果分析

通过上述泡沫剂稳定性的半衰期测试方法，开展了泡沫剂在不同浓度条件下的半衰期试验，不同浓度的泡沫剂时间-排液曲线图如图2.4-9～图2.4-14所示，泡沫剂半衰期试验结果如表2.4-4所示。由图表可知：浓度为0.5%的泡沫剂半

衰期为 100s；浓度为 1% 的泡沫剂半衰
期为 320s；浓度为 2% 的泡沫剂半衰期
为 250s；浓度为 3% 的泡沫剂半衰期为
415s；浓度为 4% 的泡沫剂半衰期为
550s；浓度 5% 的泡沫剂半衰期为
380s。据此绘制半衰期和浓度的变化
关系柱状图，半衰期试验统计结果见
图 2.4-15，由图可知：当泡沫剂浓度
小于 4% 时半衰期与泡沫剂浓度正相
关，大于 4% 时两者呈负相关，依据室
内试验指标规定半衰期 $T_{1/2} > 5min$，
则可知泡沫剂合理的浓度取值范围为 3%～5%。

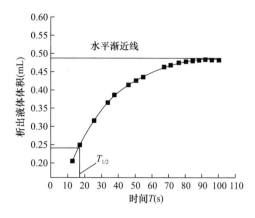

图 2.4-8　时间-排液曲线

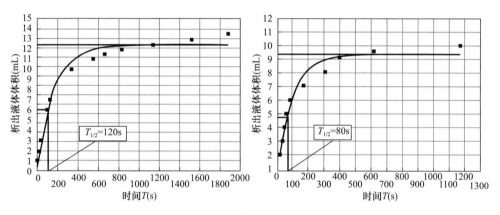

图 2.4-9　浓度为 0.5% 时泡沫剂时间-排液曲线图

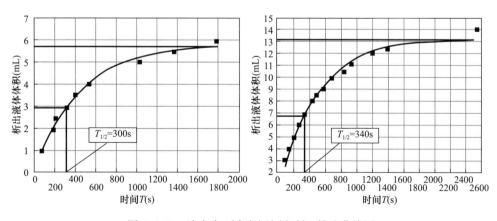

图 2.4-10　浓度为 1% 时泡沫剂时间-排液曲线图

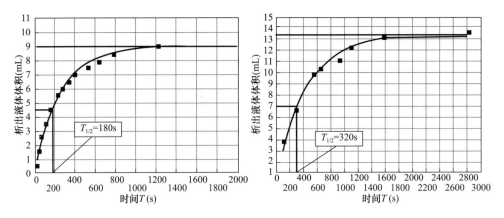

图 2.4-11　浓度为 2％时泡沫剂时间-排液曲线图

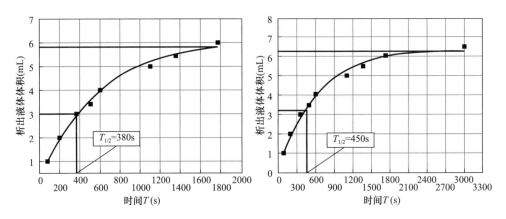

图 2.4-12　浓度为 3％时泡沫剂时间-排液曲线图

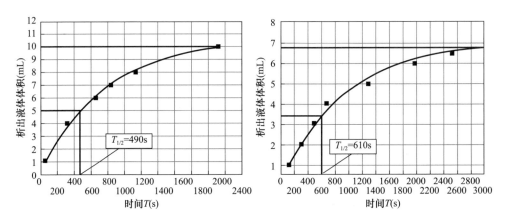

图 2.4-13　浓度为 4％时泡沫剂时间-排液曲线图

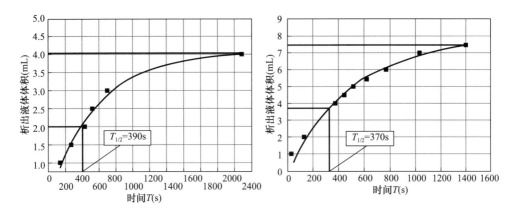

图 2.4-14　浓度为 5% 时泡沫剂时间-排液曲线图

泡沫剂半衰期试验结果　　　　　表 2.4-4

浓度	半衰期（s）		
	1	2	平均值
0.5%	120	80	100
1%	300	340	320
2%	180	320	250
3%	380	450	415
4%	490	610	550
5%	390	370	380

4）泡沫剂性能室内评价标准建议

以上述开展的一系列关于泡沫剂性能的室内测试试验研究为依据，在借鉴国内外相关研究成果的基础上，采用泡沫剂的发泡倍率和半衰期两个量化指标，提出适用于本研究所采用的泡沫剂的试验室性能质量评价标准建议：泡沫在 3min 内不消散或消泡率小于 10%，半衰期大于 5min，泡沫剂发泡倍率大于 8。以此为依据给出了依托工程所采用的泡沫剂浓度建议值为 3%～5%。

（2）不同地层渣土改良室内试验

1）全断面软土地层渣土改良室内试验

泡沫剂改良黏土流动性试验研究：

① 地层含水率对泡沫剂改良效果的影响

选择浓度为 4% 的泡沫剂对含水率为 18%、20%、22%、24% 的地层进行渣土改良试验。不同地层含水率下掺入泡沫剂对渣土坍落度的影响如图 2.4-16 所示。从图 2.4-16 可以看出，地层含水率的增加能够增加土体的和易性，这主要是因为土体中水的增加而导致的。地层含水率较低时，相同的泡沫剂注入量不能产生较好的改良效果，而地层含水率过高时，泡沫剂的注入对坍落度的改变影响不大，地层含水率从 18%、20%、22% 增加至 24% 时，对应的坍落度为 6.7cm、9.6cm、17.4cm 以及 18.1cm，显然，由土体坍落度可知：注入同浓度的泡沫剂能够对含水率为 20%～22% 的地层起较好的改良效果。地层含水率过低则会造成泡沫剂失水而使得有效泡沫减少，地层含水率过高则会导致有效泡沫过剩。含水率为 20% 的地层，渣土改良效果是理想的。

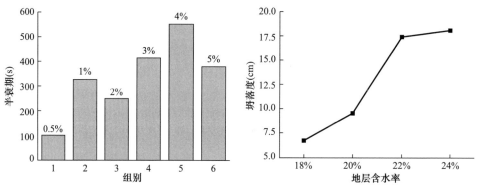

图 2.4-15　半衰期试验统计结果　　图 2.4-16　不同地层含水率下掺入泡沫剂对渣土坍落度的影响

因此当地层含水率过高时，需要适量增加其他改良剂（如不溶性的高分子树脂），以此来增稠土体，使泡沫剂的效果充分发挥；当地层含水率较低时，可适当增加分散剂以减小土颗粒之间的内摩擦角，提高渣土的流动性与和易性。

② 泡沫剂掺入比对坍落度的影响

考虑含水率对黏土流塑性的影响，本次试验采用的黏土样含水率为 21%，每种掺入比的重塑土样共进行了 3 次平行试验。改良前坍落度为 3.5cm。不同掺入比条件下黏土坍落度试验值如表 2.4-5 所示，泡沫剂掺入比与坍落度的关系曲线如图 2.4-17 所示。由图表可知：含水率和泡沫剂浓度一定时，改良黏土的坍落度随泡沫剂掺入比的增大而增大，改良后土体的流动性明显提高。在掺入比为 36%～40% 时曲线的斜率最大，坍落度为 10～11cm，说明此范围掺入比对坍落度的影响程度较大，故实际工程中泡沫剂掺入比可选择 36%～40% 为参照。

不同掺入比条件下黏土坍落度试验值　　　　　　　　表 2.4-5

泡沫剂加入量（mL）	掺入比（%）	坍落度均值（cm）	坍落度变化率（%）
0	0	3.5	0
2981	30	7.5	114.3
3975	40	11.67	233.4
4969	50	15	328.6

2）全断面硬岩地层渣土改良室内试验

① 泡沫剂注入率对坍落度的影响

按照 4% 的泡沫剂浓度，泡沫剂注入率与渣土坍落度的关系曲线如图 2.4-18
所示。

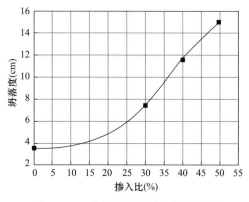

图 2.4-17　泡沫剂掺入比与坍落度的
关系曲线

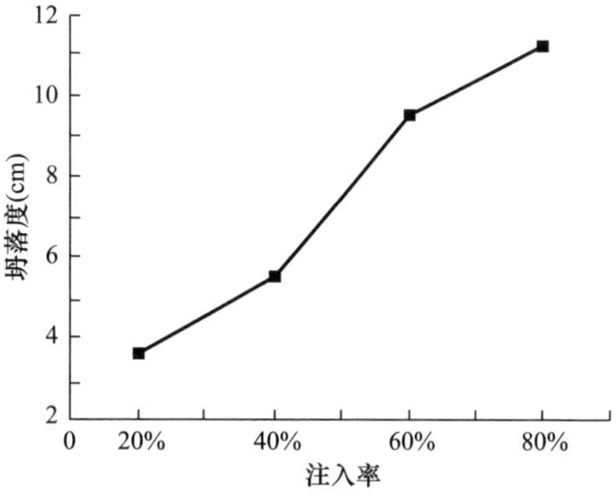

图 2.4-18　泡沫剂注入率与渣土
坍落度的关系曲线

从图 2.4-18 可以看出，随着泡沫剂注入率的增加，渣土的坍落度也呈现增加
的趋势，表明泡沫剂的注入率能够直接影响渣土的和易性。当泡沫剂注入率较低
时，坍落度的变化趋势较慢，主要是由于少量的泡沫未能对渣土的整体性能产生太
大的影响，而注入率从 40% 增加到 60% 的过程中，渣土的坍落度迅速增加，从
5.5cm 增加到 9.6cm，此时泡沫剂能起较强的改良作用；当泡沫剂注入率由 60% 增
加到 80% 时，坍落度的变化趋势也逐渐减慢，从 9.6cm 增加到 11.3cm，表明此时
泡沫的量已经超过了渣土所需的量，故而改良效果的增加并不明显。综上所述，对
全断面硬岩地层，将渣土改良中泡沫剂的注入率设置在 60% 左右，能够节约材料，
同时产生较好的改良效果。

② 气液比对坍落度的影响

气液比与坍落度的关系曲线如图 2.4-19 所示。从图 2.4-19 可以看出，随着泡
沫剂气液比的增加，渣土的坍落度呈现降低的趋势，但气液比的不同会对坍落度的
变化趋势产生影响；当气液比在 6～10 时，坍落度基本呈线性降低，当气液比在
10～14 时，坍落度的降低趋势较前述情况放缓，但也基本呈线性变化。综上所述，
气液比越低，对渣土和易性的影响效果越大，但从经济性以及安全性上考虑，应该
选择合适的气液比进行渣土改良，泡沫剂注入率为 60% 时，气液比选择为 10～14
是较为有效和经济实用的。

3）软硬不均地层渣土改良室内试验

试验试样材料：以上述纯圆砾、纯黏土试验为基础，在考虑土样的含水率、泡
沫剂掺入比，以及泡沫剂浓度对土体塑流性影响规律的基础上，进一步考虑圆砾和

黏土的混合比，混合比例用质量控制，设计圆砾占比为 70％、50％和 30％三种情况。

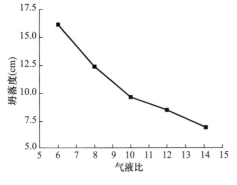

图 2.4-19　气液比与坍落度的关系曲线

泡沫剂掺入比的影响试验：

圆砾黏土试样含水率为 25％、泡沫剂浓度为 4％，泡沫剂掺入比为 20％～50％，每增加 10％开展一组试验，共 4 组试验，通过试验测量试样的坍落度值。圆砾占比为 70％时，初始的试样土在改良时坍落度为 8.5cm；圆砾占比为 50％时，初始的试样土在改良时坍落度为 3.17cm；圆砾占比 30％时，初始的试样土在改良时坍落度为 0。不同泡沫剂掺入比条件下圆砾与黏土试样坍落度试验图如图 2.4-20～图 2.4-22 所示。不同试验条件下圆砾与黏土试样坍落度变化曲线如图 2.4-23 所示。由图可知：随着泡沫剂掺入比增加，坍落度值不断增加；在掺入比不变时，随着含石量增加，坍落度值增加。当混合渣土中含黏土占比小于 30％时，泡沫剂最优掺入比参考值

(a)　　　　　　　　　　(b)

(c)　　　　　　　　　　(d)

图 2.4-20　不同泡沫剂掺入比条件下圆砾与黏土试样坍落度试验图（圆砾占 70％）

（a）掺入比 20％；（b）掺入比 30％；（c）掺入比 40％；（d）掺入比 50％

约为 20%；当混合渣土中含黏土占比为 30%～50% 时，泡沫剂最优掺入比参考值为 25%～30%；当混合渣土中含黏土占比为 50%～70% 时，泡沫剂最优掺入比参考值为 30%～35%；当混合渣土中含黏土占比大于 70% 时，泡沫剂最优掺入比参考值约为 40%。

图 2.4-21　不同泡沫剂掺入比条件下圆砾与黏土试样的坍落度试验图（圆砾占比 50%）
(a) 掺入比 20%；(b) 掺入比 30%；(c) 掺入比 40%；(d) 掺入比 50%

图 2.4-22　不同泡沫剂掺入比条件下圆砾与黏土试样的坍落度试验图（圆砾占比 30%）（一）
(a) 掺入比 20%；(b) 掺入比 30%

(c)   (d)

图 2.4-22　不同泡沫剂掺入比条件下圆砾与黏土试样的坍落度试验图（圆砾占比 30％）（二）

(c) 掺入比 40％；(d) 掺入比 50％

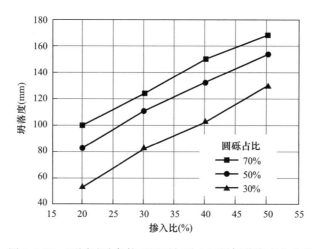

图 2.4-23　不同试验条件下圆砾与黏土试样坍落度变化曲线

表 2.4-6 为各地层中泡沫剂掺入比取值。

2. 渣土改良现场试验及实施功效

(1) 全断面软土地层现场试验及实施效果

1) 改良区段工程概况

盾构机在全断面软土掘进过程中，会遇到以下情况：

① 土压波动较大。区段粉质黏土黏性大，渗透率低，刀盘开口率为 34％，中心区域开口率为 40％，掘进过程中易出现大块土体，渣土改良效果较差，对土压传感器形成冲击，造成土压波动幅度较大。

② 扭矩变化较大。盾构机在粉质黏土中掘进时，当掘进速度超过 50mm/min 时，刀盘扭矩快速增大，说明掌子面土体强度高；土仓内的渣土流塑性比较差，刀盘需要克服的阻力增大，扭矩能迅速达到 3000kN·m 以上。

各地层中泡沫剂掺入比取值　　　　　　　　　　表 2.4-6

地层类型	最佳地层含水量	泡沫剂掺入比	气液比	泡沫剂性能
全断面软土地层	改良地层最佳含水率约为 20%	泡沫剂掺入比参考值为 36%～40%	—	泡沫剂最优性能参照：合理的泡沫剂浓度为 3%～5%；泡沫在 3min 内不消散或消泡率小于 10%，且半衰期大于 5min；泡沫剂发泡倍率大于 8
全断面硬岩地层	改良地层最佳含水率约为 20%	泡沫剂注入率参考值约为 60%	气液比参考值 10～14	
软硬不均地层	改良地层最佳含水率约为 20%	混合渣土中圆砾占比小于 30%，泡沫剂最优掺入比参考值约为 20%	—	
		混合渣土中圆砾占比为 30%～50%，泡沫剂最优掺入比参考值为 25%～30%	—	
		混合渣土中圆砾占比为 50%～70%，泡沫剂最优掺入比参考值为 30%～35%	—	
		混合渣土中圆砾占比大于 70%，泡沫剂最优掺入比参考值约为 40%	—	

③ 出土困难。本标段粉质黏土强度高，渣土的和易性和流塑性较差，渣土与螺旋机壳体间的摩擦力大，螺旋机需要克服的阻力过大；螺旋输送机出渣口设计方面存在不足，渣土在出土口处易失水固结，造成螺旋机出现出土困难的现象。这说明渣土改良效果较差，渣土黏稠度过高，流塑性、和易性不好。通过分析总结，盾构试掘进产生的以上问题主要是由渣土黏性大及渣土改良效果差造成的。

2）具体实施

粉质黏土吸水膨胀，失水收缩，黏性强，渗透率低，不能满足施工要求。结合地质实际情况，根据上文的分析，初步采用泡沫剂进行渣土改良，泡沫剂的浓度为 4%。

首先进行现场坍落度试验，确定具体掺入比。从渣土车上选择定量待改良渣土与发泡后的泡沫充分混合，进行现场坍落度试验。

根据实测坍落度，保证坍落度为 10～15cm，最终确定泡沫剂注入率为 35%。在注入泡沫剂的同时，通过增压水泵适量注水，并根据实际掘进及出土情况调整注水量。另外，根据实际渣土的干湿情况适时选择外加剂，保证泡沫剂的改良效果。与此同时，需要关注盾构掘进的各项参数，当参数发生明显变化或者渣土状态发生改变，应及时进行渣土改良剂现场试验，并对外加剂参数进行及时调整。

效果验证：当坍落度＜6cm（第 188 环）时，改良效果差，土体流动性差，掘进过程中盾构机总推力大，且单环推力波动量大，掘进状态不稳定；当坍落度为 6～10cm（第 189 环）时，渣土流动性有所提高，盾构机总推力随之下降，但波动较剧烈；当坍落度＞15cm（第 200 环）时，渣土可塑性差，流动性过大，土体状态不稳定，造成盾构机总推力波动量较大，盾构掘进状态不稳定；当坍落度为 10～15cm（第 193 环）时，可使渣土处于较好的塑性流动状态，其流动性和稳定性较好。

另外，从盾构掘进时换下的刀具（图 2.4-24）可以看出，刀具干净、光洁，无明显的结泥饼现象。

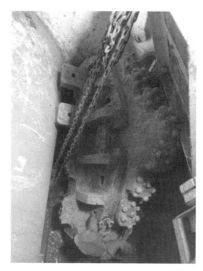

图 2.4-24　盾构掘进时换下的刀具

（2）软硬不均地层现场试验及实施效果

1）改良区段工程概况

当盾构掘进至软硬不均地层时，出现了渣土排除不畅，排出的渣土和易性差，盾构掘进扭矩增大，有出现明显波动的现像。改良前现场排出的渣土如图 2.4-25 所示。

图 2.4-25　改良前现场排出的渣土

2）具体实施

选取代表性掘进环开展试验，地层主要由细砂与圆砾组成，部分区域夹杂少量粉质黏土。盾构掘进过程中，在渣土传送带口取足量渣土进行坍落度试验，测试其流塑性。试验结束后取少量土样留存，测其含水率。每掘进 1 环重复进行 2~3 次试验，减少偶然性对试验结果的影响。使用水和泡沫剂对土渣进行改良，直至渣土状态满足理想塑性流动状态。最终，选择泡沫剂的浓度为 4%，泡沫剂掺入比为 25%，并配合适量分散剂增强改良效果。

效果验证：渣土改良后，出渣顺畅，无滞排现象，无涌水、涌砂现象发生。盾构机刀盘扭矩为 $1.4~2.5kN \cdot m$。渣土改良之前第 2104 环、第 2105 环刀盘扭矩整体较大且不稳定；第 2108 环坍落度为 10.7cm，刀盘扭矩值较稳定；第 2112 环坍落度为 14cm，刀盘扭矩较小，且波动范围进一步减小。由此可知：良好的渣土改良效果有助于刀盘扭矩的稳定。改良后现场排出的渣土如图 2.4-26 所示。

图 2.4-26　改良后现场排出的渣土

（3）全断面硬岩地层现场试验及实施效果

1）改良区段工程概况

当盾构掘进至全断面硬岩地层时，渣土含水量低，流塑性很差，渣土粒径小、极易固结，使得螺旋机堵塞出土不畅，盾构掘进扭矩也变大，并不断波动，需要及时进行渣土改良。

2）具体实施

直接选取现场渣土进行渣土改良试验，根据上文的内容，选定泡沫剂浓度为 4%，充分起泡后与渣土混合，选择 50%、55%、60%、65%、70% 的泡沫剂注入率进行对比试验，观察坍落度，最终选定泡沫剂注入率为 60%，对应的渣土坍落度为 13.4cm，此时渣土的流塑性能较好，和易性变优，流动性及黏稠度均可达标。

效果验证：掘进过程中扭矩变化图如图 2.4-27 所示，在采取改良方案后盾构机扭矩大幅降低，且其分布更为均匀。改良前扭矩均值为 1.47MN·m，其分布的标准差为 0.23；改良方案下扭矩均值为 0.96MN·m，降低了 34.7%，其分布的标准差仍为 0.23，但各地层段扭矩分布更加集中。由此可见，通过改良方案改善土体后，盾构掘进扭矩显著降低，其工作状态也更为稳定。另外，通过盾构接收面可以看到，盾构机刀盘无明显结泥饼现象，各个刀具磨损均匀，渣土改良效果凸显。

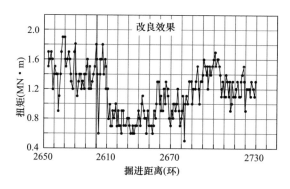

图 2.4-27　掘进过程中扭矩变化图

2.5　本章小结

（1）对选用的盾构机的主体设备、刀盘形式和刀具布置、渣土改良系统、螺旋输送机、皮带输送机进行针对性设计，以匹配本工程复杂地质条件下盾构长距离掘进的工作性能。

（2）以泡沫剂生成泡沫的半衰期和发泡倍率为主要参数指标，对现场使用的泡沫剂的基本性能进行了试验分析，揭示了泡沫剂半衰期、发泡倍率和泡沫剂的关系，提出了适用于本项目所采用的泡沫剂性能的室内评价标准，由试验可知：1）当泡沫剂的浓度小于 2% 时，随着浓度的增加，相同体积泡沫剂的发泡量和发泡倍率急剧增加，当泡沫剂的浓度超过 2% 时，两者增加的速度变缓，发泡量和发泡倍率的变化量相对较小，还可能减小；2）当泡沫剂浓度小于 4% 时，半衰期与泡沫剂浓度正相关，大于 4% 时两者呈负相关，依据室内试验指标规定，半衰期 $T_{1/2} > 5\min$，则可知合理的浓度取值为 3%～5%。

（3）通过开展各地层渣土改良的室内试验，得到：1）对全断面软土地层，浓度为 4% 的泡沫剂在含水率为 20% 的地层，渣土改良效果是理想的；2）对全断面软土地层，在含水量为 21% 的黏土地层中，泡沫剂掺入比为 36%～40% 时，渣土改良的效果最佳；3）在全断面硬岩地层中，按照 4% 的泡沫剂浓度，渣土改良中泡沫剂的注入率建议设置在 60％左右，能够节约材料，同时产生较好的改良效果；4）全断面硬岩地层中，在泡沫剂注入率为 60％时，气液比为10～14是较为有效和经济实用的；5）在软硬不均地层中，当混合渣土中含黏土占比小于 30％，泡沫剂最优掺入比参考值约为 20％；当混合渣土中含黏土占比为 30％～50％，泡沫剂最优掺入比参考值为 25％～30％；当混合渣土中含黏土占比为50％～70％，泡沫剂最优掺入比参考值为 30％～35％；当混合渣土中含黏土占比大于 70％，泡沫剂最优掺入比参考值约为 40％。

（4）根据室内试验成果以及现场渣土试验，明确各个地层的渣土改良剂具体添加量。实际应用时可将泡沫剂与其他品种改良剂搭配使用，通过现场渣土试验的实际应用效果，最终确定各组分掺量。实践证明泡沫剂在本工程各个地层使用的效果较好，渣土排出顺畅，无明显结泥饼现象及涌水涌砂现象。

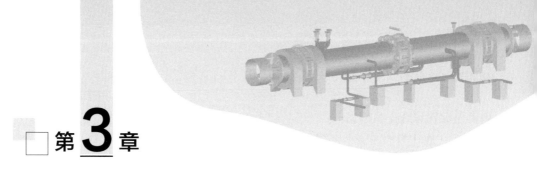

第3章

城市湿地复合地层隧道
掘进关键技术研究

3.1 长距离换刀加固技术

3.1.1 工程概况

盾构机在软土地层掘进 2079.154m 后，进入 509.946m 上软下硬不均匀地层，后进入 716.261m 全断面硬岩地层。根据以往的施工经验，盾构机在进入卵石地层后，刀具被磨损严重，并且在进入硬岩地层前，盾构机出现掘进扭矩变大，掘进速度变慢，贯入度减小的情况，所以需要选择合适的地点，更换硬岩刀具，以期在硬岩中顺利掘进，达到安全、高效的目的。

3.1.2 换刀位置分析

1. 换刀位置的选择原则

（1）换刀的位置需要为大型机械设备提供适当的作业场地条件。

（2）尽量避开建（构）筑物、管线、交通繁忙的道路。

（3）岩层稳定性较高，水文环境稳定，地质条件相对较高，不易发生涌水涌砂等现象。

（4）换刀的位置应尽量设置在盾构机穿越地层环境突变的里程之前，保证进入新的地质环境时盾构的掘进效率。

（5）根据盾构区间刀具磨损的理论计算结果，参考磨损临界点选择适合的换刀位置。

2. 本盾构区间换刀位置的选取

根据周边环境调查报告、地质勘察资料以及换刀位置的选择原则，K3＋300处拟作为本盾构区间的换刀位置，理由如下：

（1）根据地质情况，盾构区间在进入硬岩地层之前进行换刀，其上软下硬地层节点里程为 K3＋155，在此里程盾构掘进长度为 2351.869m，所以在 K3＋155之前范围均可作为选择点。结合减少滚刀刀具磨损的原则，选点靠近此节点越近越合理。

（2）本盾构区间地处西溪国家湿地公园，可供施工的场地有限，加之线路内存在大量的水塘，可供选择的换刀位置有限，K3＋260 处为某垃圾站，以北至 K3＋340 现状为停车场，满足施工条件。

（3）里程 K3＋155～K3＋250 范围现状为西溪湿地池塘，不具备施工条件；里程 K3＋250～K3＋265 范围现状为公共厕所，不具备施工条件；里程 K3＋265～ K3＋328 范围为两条辅路、小范围绿化带、临时停车场，具备施工条件；里程 K3＋328 以北范围为信号塔、西溪湿地林地，不具备施工条件。

（4）K3＋300 处为本盾构区间盾构由中埋到深埋的分界，地质情况也由粉质黏土及含泥圆砾、卵石层进入风化岩层，以此岩层分界点作为换刀位置也符合换刀原则。

（5）按照施工最不利情况考虑，进行刀具磨损计算，在刀具计算中，换刀前，全断面软土按照软黏土经验值计算，软硬不均匀地层按照砂砾层经验值计算；换刀后，滚刀按照刀具磨损经验值计算；刀盘计算按照盾构区间全断面风化岩 3305m 计算。

3. 软土刀具计算

（1）换刀前，掘进 2079.154m，全断面软土计算刀具总体滑动距离 S_L：

$$S_L = \frac{\pi \times D_x \times N_c \times L}{v} \tag{3.1-1}$$

$$= (3.14 \times 6.48 \times 1.65 \times 2079.154)/50$$

$$\approx 1396 (km)$$

式中　L——盾构掘进距离，$L=2079.154m$；

　　　D_x——刀具的刀盘安装直径，$D_x=6.48m$；

　　　N_c——刀盘转速，取最大值 1.65rpm；

　　　v——掘进速度，取最大值 50mm/min。

最外圈的刀具磨损量（M_H）：

$$M_H = S_L \cdot KEI \tag{3.1-2}$$

$$= 1396 \times 0.005$$

$$= 6.98 (mm)$$

磨损系数（KEI）：

$$KEI = \frac{超硬刀片磨损厚度(mm)}{刀具总体滑动距离(km)} \tag{3.1-3}$$

超硬刀片磨损系数为 0.005mm/km。

（2）换刀前，掘进 147.954m，软硬不均地层计算刀具总体滑动距离：

$$S_L = (3.14 \times 6.48 \times 1 \times 147.954)/40$$

$$\approx 75 (km)$$

式中 L——盾构掘进距离，$L=147.954\text{m}$；

$\qquad N_c$——刀盘转数，取为 1rpm；

$\qquad v$——掘进速度，取均值为 40mm。

$$M_H = 75 \times 0.02$$
$$= 1.5 \text{(mm)}$$

超硬刀片磨损系数为 0.02mm/km。

（3）换刀前刀具总磨损量计算：

$$M_H = 6.98 + 1.5 = 8.48 \text{(mm)}$$

撕裂刀的磨损量上限为 50mm，刮刀的磨损量上限为 40mm。

按照上述计算，在目标换刀位置，理论的磨损量在刀具容许磨损量以内，满足要求。

4. 硬岩刀具计算

强风化基岩地层、中风化基岩地层岩石室内天然单轴抗压强度为 0.25～15.2MPa，平均为 7.7MPa，勘察设计单位建议以天然单轴抗压强度<30MPa 作为盾构区间选型及刀盘设计的岩石强度参数。

边缘滚刀除了直接磨损外，还有岩渣堆积产生的二次磨损，磨损规律不稳定。中心滚刀开口小，容易产生泥饼，发生偏磨，磨损量无法被预测。正面滚刀较中心刀、边缘滚刀具有更好的规律性，刀具磨损均匀，因此，对正面滚刀可以建立模型进行磨损预测。

滚刀的磨损只发生在滚刀与岩石的接触线上。滚刀磨损速率：

$$\omega = X/L \qquad (3.1\text{-}4)$$

滚刀线磨损速率：

$$\nu = \frac{\omega L}{l} = 0.25 K_x \frac{S^{\frac{1}{3}} \sigma_e h^{\frac{5}{6}}}{T^{\frac{1}{6}} D_0 \sigma_s} \qquad (3.1\text{-}5)$$

$$\nu = 0.25 \times 0.16 \times 89^{1/3} \times 30 \times 5^{5/6} / (19^{1/6} \times 457 \times 1494)$$
$$\approx 1.83 \times 10^{-5}$$

式中 l——破岩点运动距离，m；

$\qquad L$——掘进距离，m；

$\qquad X$——掘进 L 距离的累积磨损量，mm；

$\qquad K_x$——磨粒磨损系数，取为 0.16；

$\qquad S$——刀间距，取为 89mm；

$\qquad \sigma_e$——岩石抗压强度，取为 30MPa；

$\qquad T$——滚刀刀刃宽度，取为 19mm；

$\qquad D_0$——滚刀直径，取为 457mm；

$\qquad \sigma_s$——刀刃屈服强度，取为 1494MPa；

　　h——贯入度，5mm。

　　按照正面滚刀最大磨损量 15mm 的换刀要求，滚刀最大掘进距离为：

$$L_m = \frac{10h}{\pi R_i \nu} \tag{3.1-6}$$

$$= 10 \times 15 \times 0.001/(3.14 \times 2 \times 1.83 \times 10^{-5})$$

$$\approx 1305(\text{m})$$

　　式中　R_i——滚刀的安装半径，取为 2m；

　　　　　h——滚刀最大磨损量，mm。

　　按照刀刃宽 19mm，单轴抗压强度 30MPa，刀刃屈服强度 1494MPa，贯入度 5mm 带入公式，距刀盘中心 2m 处滚刀的最大理论使用寿命为 1305m，满足要求。

　　滚刀的最终使用寿命是人、机、物结合的综合结果，与理论计算可能存在一定偏差，理论计算仅供参考。

　　综上所述，在里程 K3＋265～K3＋328 内选择换刀位置，靠近临时停车场南侧，且地面附着物最少的换刀地点为 K3＋300。盾构区间换刀位置总图如图 3.1-1 所示。

图 3.1-1　盾构区间换刀位置总图

3.1.3　换刀位置地层特征

　　盾构区间换刀位置地层从上至下主要为：杂填土层、淤泥质粉质黏土层、粉质黏土层、含泥圆砾、卵石层、全风化基岩层、强风化基岩层、中风化基岩层，盾构机穿越地层为粉质黏土层、含泥圆砾、卵石层，此类土层强度不高，围岩稳定性差，局部土体渗透系数高，有涌水涌砂的风险。另外，在换刀位置两侧分别存有中高压燃气管线，其中，高压燃气管线距离隧道边缘 15.96～18.07m，中压燃气管线距离隧道边缘仅为 5.7～7.2m。当盾构机进行停机换刀作业时，盾构机工作掘进面的压力会小于水土压力，掌子面地层为主动土压力，土体向盾构机一侧变形，造成土体应力损失，从而使得开挖面前方土体产生滑裂面，同时引起地下水位下降而造成地层的固结沉降，进而使得周边带压管线产生较大变形，如不采取适当的加固措施，控制周边土体位移，将可能产生严重后果。

3.1.4　换刀位置土体加固方案

　　为了增强盾构区间加固点土体的截水抗渗性能，设计时在四周采用 $\phi1000@750$ 钻孔咬合桩（素桩），咬合桩帷幕平面长 8.5m、宽 12.2m，深度进入强风化基岩层不小于 1m，可以保证截水帷幕的整体稳定性。帷幕内部盾构机头到达端 4m

内采用 $\phi800@500$ 高压旋喷桩加固，加固长度为 6m、宽度为 12.2m（盾构轮廓两侧外 3m），深度为盾构顶以上 3m 至盾构底以下 3m。水泥采用 P・O42.5 级水泥，水泥掺入比为 35%（提高水泥掺入量，提高水泥土强度和稳定性），水灰比为 0.7~1.0，桩身垂直度偏差≤1/200。在换刀加固位置设置 4 口降水井（设置足够的降水井以防止水位变化引起的土体失稳）。

3.1.5 盾构机停机换刀作业

开仓换刀前对换刀位置加固效果进行验证并出具相应报告，满足要求后方可进行开仓作业。盾构区间采用常压开仓方式换刀，常压开仓换刀作业流程图如图 3.1-2 所示。

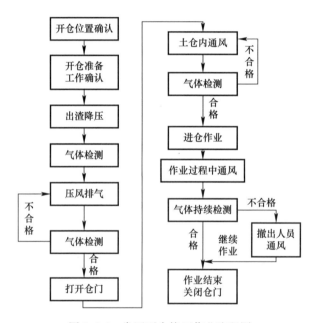

图 3.1-2　常压开仓换刀作业流程图

盾构区间常压开仓换刀步骤及施工要点如下：

（1）开仓位置确定

盾构掘进至拟定停机区，由盾构土建值班人员、测量人员及技术负责人确认到达停机区，停机点里程选择前盾注浆孔位于第一排素混凝土咬合桩中心处的刀盘里程。

（2）盾尾封堵

在停机前两环加大同步注浆注入量，注浆压力控制在 0.3MPa 以下，便于盾尾封堵。停机后，从前盾注浆孔注入聚氨酯进行阻水。从盾尾倒数第 5 环位置向后 3 环建立封水环，注浆采用由下至上的顺序进行，封水环采用水泥浆＋水玻璃双液浆，浆液比例为 1∶1，注浆数量根据注浆压力控制，最大注浆压力恒压为 0.35MPa。在注浆过程中值班技术人员和司机关注土仓压力变化情况，防止注入刀盘。注浆完成后要保证能在盾尾建立一个完整的封闭衬砌环封堵住盾构机尾部地层内涌来的流水。

（3）降水水位情况

在地面降水井正常工作的情况下，通过地面水位监测孔量测降水水位高度是否已降至刀盘底部，同时打开土仓隔板球阀复核水位位置。

（4）出渣降压

由盾构机司机启动螺旋输送机，将土仓内的渣土输出，降低土仓压力，等土仓内渣土降至土仓门底部以下后，停止出渣（判断依据主要结合土仓的压力传感器变化、螺旋机的出土情况、总的出渣量）。出渣过程中在螺旋输送机口进行气体检测。

（5）仓内气体检测

在开仓之前进行气体检测，气体检测点的位置为盾构机前体土仓隔板 3～9 点以上的 2 个球阀。准备检测时稍微打开预定的球阀让土仓的气体少量逸出，使用专业气体检测仪器初步判断土仓内有无易燃、易爆、有毒气体。然后，再适当调节阀门，对土仓的内空气进行检测，同时，使用便携式气体检测仪复核，检测合格后方可进行下一步作业。

（6）开仓前压风排气和气体检测

利用泡沫系统管路，通过刀盘上的泡沫孔向内压风，同时打开原保压系统管路阀门，将压出气体排放至预定区域，通过对洞内压入新鲜空气将洞内空气稀释，同隧道内空气一起排出隧道外，开仓前通风示意图如图 3.1-3 所示。

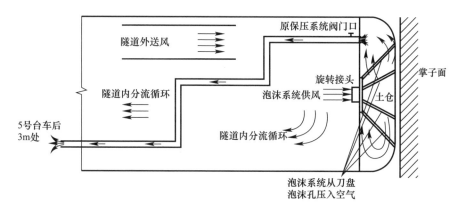

图 3.1-3　开仓前通风示意图

通风前后每隔 15min 用气体检测仪对土仓内气体检测一次，并做好记录，直到土仓内空气达标，土仓内气体检测不达标时，继续压风排气，直至气体检测达标。先在排气口检测气体，确保排气口四周空气安全，此处达标后再在土仓隔板检测孔复测气体。

（7）打开仓门

气体检测合格后，首先检查土仓压力在通风过程中是否有变化，检查土仓附近球阀处的水位情况，判断仓内水位是否满足开仓要求，如果水位上升，在检查降水井运行情况的同时，在保证安全的前提下，通过螺旋输送机再次排水，直至水位到达土仓以下，保证仓内外的压力平衡。开仓前减少土仓内的压风量，将四条泡沫管送风改为一条泡沫管送风，并适当减少送风量。

（8）土仓内通风与气体检测

首先对土仓顶部以及土仓内左下方和右下方的空气进行检测，同时对地层做出初步判断，确保安全后，人员进入土仓进一步检测。在全面检测完毕且判断地层稳定后，作业人员进仓安装安全灯具，打开通风口处仓内盖板，引入风管开始通风，开始空气循环。停止泡沫系统的压风。将通风机设

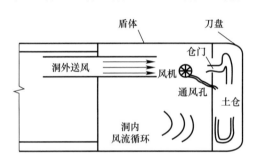

置在盾构机的左侧，位于隧道外新鲜风流附近，风管采用带钢丝的管路，保证管路的畅通，通风机采用中压式风机，确保通风连续和加强通风的需要。开仓后通风示意图如图3.1-4所示。

（9）作业过程中的通风与气体检测

根据实际条件在土仓搭设木质作业平台。在刀具检查清理过程中，必

图3.1-4　开仓后通风示意图

须保证通风的连续性，由气体检测人员对土仓内气体进行不间断检测，如有异常，应及时撤出土仓内人员，加大通风力度，待土仓内气体浓度合格后，人员方可继续进仓作业。

（10）刀盘清理及刀具检查

1）土仓内渣土清理：打开仓门开始清理土仓，利用扬镐、风镐、铁锹、高压水枪等工具清仓，采用编织袋装土，人工将编织袋送上皮带机，再由皮带机送往渣土车。清仓顺序由上至下，切口环及开口处的渣土保留。清理至刀盘开口后，利用风钻进行打孔，检查刀盘前方掌子面情况，如掌子面稳定、无渗漏水即可继续进行清仓工作，刀盘的开口部位采用背板进行封堵，防止掌子面土体坍塌。

2）刀具的检查和更换：

① 刀具外观检查

检查刀盘上所有刀具螺栓是否有脱落或松动现象；检查滚刀挡圈是否断裂或

脱落，若挡圈脱落，还应检查刀圈是否发生移位；检查滚刀刀圈是否完好，有无裂纹、断裂及弦磨现象；检查滚刀刀体是否有漏油或轴承损坏现象；检查扇形刮刀有无断齿、松动、严重磨损或脱落现象。检查刀具的同时应检查刀盘耐磨条、刮板开口以及防磨装置磨损情况及是否损坏并做好记录。

② 刀具磨损量的测量

滚刀在没有刀圈断裂和损坏的前提下，正确地测量滚刀刀圈的磨损量是更换刀具与掌握目前刀具状况的依据。边缘滚刀刀圈最大磨损极限为 20mm，当刀具达到最大磨损极限时必须更换。正面滚刀刀圈磨损极限控制在 15～20mm，若超过 20mm 需进行更换。

③ 刀具更换的顺序

当检查完刀盘、刀具后，从边缘滚刀开始依次往外圈更换刀具；把捯链悬挂在土仓顶部的吊耳上，吊起拆掉的旧刀，采用依次更换吊点的办法把旧刀运出，在拆旧刀的同时，准备所更换的新刀，再把捯链悬挂在顶部推进缸，吊起新刀，采用依次更换吊点的方法把新刀运进土仓内，再采用拆旧刀的反顺序依次安装新刀，按刀具螺栓的紧固扭矩紧固螺栓。其他需更换的刀具按此顺序依次更换。

④ 所有需要更换的刀具必须经过仔细的清洗并擦干；向刀盘上安装刀具时应事先将刀盘上的安装位置清理干净；刀具更换后应重新拧紧螺栓以达到要求的紧固扭矩。在拆刀时，如果遇到刀具螺栓因受力弯曲变形不易拆除，可采用割除的办法拆除。

⑤ 注意事项：更换刀具前检查所使用的工具是否处于完好状态。严格按照拆装工序要求拆装刀具，保证装配面的清洁、刀具位置对中。严格按照刀具螺栓的紧固扭矩紧固螺栓。刀具更换完毕后认真检查更换时所用的工具，防止刀具被遗忘在土仓内，以防盾构掘进时对设备产生破坏。做好详细的刀具更换记录。

（11）关闭仓门

刀具处理完毕后对土仓及刀盘前方进行全面的检查，避免工具、杂物遗留在土仓内。确认后关闭所有预留送风口、排气口、排气阀及仓门，关闭情况由当班机械技术人员检查，盾构副经理复核，符合要求后，盾构机恢复掘进。

3.1.6　监测和应急及预防措施

换刀位置加固作业施工期间，及时监测周边带压管线的位移情况，如管线位移发生突变或累计位移量超限，应及时停止施工，经专家讨论后才可继续施工。

在更换刀具期间必须进行地表沉降监测工作，监测频率为 5 次/d，必要时监测频率为1次/2h或1次/0.5h。在盾构机恢复掘进前必须有监测人员进行巡查，在掘进后，仍需进行监测，直到地表稳定为止。当发现正面土体有坍塌的现象时，项目负责人立刻命令施工人员撤离泥仓，关闭泥仓闸门，马上进行密闭式（不出土）掘进工作，并且进行二次注浆加固施工。同时加强地表监测，准备砂土，以备地表坍塌时可马上进行回填。在开泥仓之前，应联系好有关的单位，以便出现险情时能及时通知有关单位进行抢险工作。

3.1.7　工程实效

（1）加固后的软弱土体：经加固后的软弱土体有良好的自立性，无侧限抗压强度为0.8～1.0MPa，渗透系数≤$1×10^{-7}$cm/s，具有良好的均质性。

（2）盾构机换刀过程中，无涌水、涌砂事故发生，换刀过程非常顺利。

（3）换刀作业期间周边管线及地表变形情况：

根据工程资料记录，G2～G3盾构区间盾构机停机换刀时间在2019年7月4日至2019年7月7日，换刀位置监测点布置图如图3.1-5所示。

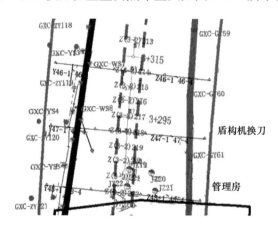

图3.1-5　换刀位置监测点布置图

对周边管线的竖向位移监测数据以及盾构机轴线和高压燃气管线位置地表沉降数据进行时效性分析，如图3.1-6、图3.1-7所示，从管线测点竖向位移图可以看出：盾构机换刀作业期间，中压燃气管线沉降值均控制在11mm以内，雨污水管道沉降值均控制在12mm以内，高压燃气管线沉降最大值仅为7mm，换刀期间对周边管线的沉降控制效果良好。另外，影响区段的盾构机轴线地表沉降在换刀作业期间的最大沉降量为19mm，小于累计报警值26mm。盾构机通过加固区之后，影响区域内的各个测点的沉降稳定值，都保持在报警值以内，说明从盾构机换刀作业开始至盾构机顺利穿越加固区的过程中，地表沉降与周边管线都处在安全范围内，也验证了软弱土体加固方案和盾构机换刀方案的有效性。

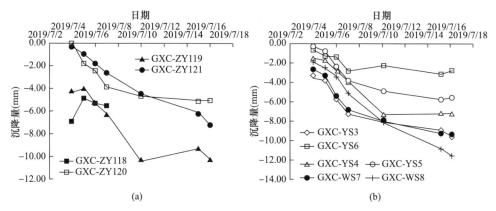

图 3.1-6　中压燃气管线和雨污水管线的竖向位移

（a）中压燃气管线竖向位移；（b）雨污水管线竖向位移

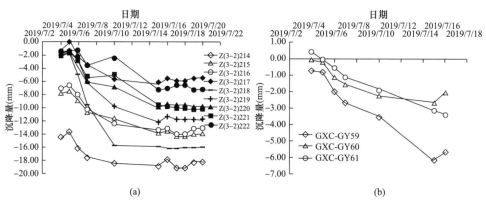

图 3.1-7　盾构机轴线和高压燃气管线的竖向位移

（a）盾构机轴线竖向位移；（b）高压燃气管线竖向位移

3.2　多水系盾构下穿施工控制技术

结合土压平衡盾构机穿越多水系等高水压地层所面临的问题，并有针对性地开展研究，结合工程的具体情况，提出行之有效的控制措施，从技术上保证工程的顺利安全开展。

3.2.1　池塘下卧土层为圆砾层时的施工控制措施

圆砾层对本工程的影响主要体现在对刀盘和刀具的磨损。刀具磨损到达一定程度后必须换刀，而在池塘底换刀的风险很大。为避免在池塘底换刀，必须降低刀具在圆砾层的磨损。因此，主要从盾构机的配置、施工中的土体改良及盾构施工参数控制等进行综合控制。

盾构机的配置：采用刀盘开口率约为 40％ 的土压平衡盾构机，刀盘正面的开口尺寸可满足较大粒径的砾石进入土仓再经由螺旋机排出；在刀盘中心、外缘和每个进渣口周圈进行硬化处理，并堆焊耐磨材料，同时在刀盘外圈设置保护刀具。盾构机在井中安装适应圆砾层的先行强化刀、撕裂刀。

施工中的土体改良：在圆砾层段施工时，应加入适量的泡沫剂，对刀盘前方的土体进行改良，降低土体的摩擦系数，增加土体的流动性，减少刀具的磨损。

盾构施工参数控制：采用偏低的土仓压力，较慢的掘进速度（10～15mm/min）进行掘进。

接缝的防水是隧道防水的重点。为了防止管片接缝部位漏水，满足防水构造要求，在管片环缝、纵缝面设有一道弹性密封垫槽及嵌缝槽。采用三元乙丙橡胶弹性密封垫，在千斤顶推力和螺栓拧紧力的作用下，使得管片间的橡胶弹性密封垫缝隙被压缩，同时，止水条上的遇水膨胀橡胶遇水膨胀，起到止水的作用。

3.2.2 高水压控制措施

盾构机的防水措施：高水压作用下会发生盾构螺旋输送机喷涌和盾尾密封刷被击穿等事故，施工中应采取有效的控制措施。盾构螺旋机内设置两道反向闸门，作为高水压地层施工时防喷涌的预防设备。一旦产生喷涌，及时关闭闸门，并进行加泥等措施，形成土塞效应，防止喷涌影响施工。同时，在螺旋机上部预留应急孔法兰并与螺旋机间增设球阀，若出现持续喷涌的现象，无法正常恢复施工时，可关闭球阀，在法兰盘上外接保压泵，恢复施工。盾尾密封刷由两边用金属板保护的 2 道钢丝刷加 1 道钢板刷组成。刷子之间 2 个环形的空间都用分布在盾尾的多个压注点注入的盾尾油脂填满。在池塘底段施工时，采用进口的优质油脂。本盾尾密封系统能承受 0.6MPa 以下的水土压力。

盾构隧道防水措施：针对穿越池塘隧道地层透水性强及高水头的特点，考虑管片接缝防水的设计水压力、施工误差等引起的接缝张开量、错台量及隧道后期运营的耐久性等因素，将越江隧道的管片接缝密封垫耐水压指标提高至 0.9MPa。在此基础上，对比分析类似的工程管片密封垫的各项防水性能，综合考虑各工程密封垫的防水压力、闭合压缩力、与盾构管片沟槽的匹配，以及断面的加工精度等，提出了本工程管片接缝密封垫的断面形式和相应的材料指标，并在施工中得以应用。

3.3 岩溶地段盾构掘进控制技术

3.3.1 盾构隧道溶（土）洞处理原则

盾构隧道的岩溶处理应遵循预先处理的原则，主要充分考虑地面上与盾构机内相应的措施，同时在洞内预留处理措施作为辅助手段，防止盾构施工过程中发生栽头、陷落、地表沉降异常甚至坍塌等安全事故，减少使用期的不均匀沉降，满足运营安全的要求。

3.3.2　盾构隧道溶（土）洞处理的要求

溶（土）洞的处理首先要满足地基承载力的要求，保证盾构机正常运行，处理范围应综合考虑土层性质、岩体特性、溶（土）洞填充情况等内容，一般要达到以下要求：

（1）当隧道底部岩层为灰岩时，水平处理范围从结构轮廓外延伸 2m，纵向处理范围为隧道底板以下 5m 内，此范围内的溶（土）洞必须进行处理。

（2）当隧道位于黏土、粉质黏土层时，从隧道外轮廓起延伸 3m，隧道底板以下 5m 深度内，所有的溶（土）洞必须被处理。

3.3.3　溶（土）洞处治的施工方案

1. 注浆加固方案

（1）对半填充、未填充溶（土）洞应先用水泥砂浆填充，再用水泥浆进行压力注浆填充；全填充溶（土）洞是否需要处理还应根据填充物的具体情况确定，如填充物为流塑～软塑状黏性土时，则需要注水泥浆充填处理。

（2）在充填注浆过程中，应及时排查溶（土）洞的边界范围，并加强观测注浆后的变化情况。根据岩溶勘察报告及现场注浆的实际情况，对溶（土）洞的边界范围进行初步推断，然后在周边布设一定数量的检查孔。当检查孔发现注浆不够时，应利用检查孔充当注浆孔进行补浆处理。检查孔布置间距应为 2m×2m。对半填充、未填充溶（土）洞可采用 PVC 管探查边界，并兼作注浆孔和检查孔。

（3）当隧道结构的安全范围尚处于溶（土）洞的边界范围内时，对整个溶（土）洞进行充填注浆不经济。此时，应先在安全范围内钻孔注入速凝浆（双液浆）形成控制边界，切断溶（土）洞的内外联系，从而减小注浆范围，节省注浆用量。

（4）一般采用振动沉管或钻孔埋管的方法充填注浆，现场需综合考虑溶（土）洞位置所在的深度，以及周围地层的岩土特性。

2. 注浆孔布置

溶（土）洞充填处理前，先进行溶（土）洞平面范围的试探测，以溶（土）洞的钻孔为基准点，沿垂直隧道方向，间隔 2.0m 施做一排注浆钻孔，以基本找到洞体边界为止，加密钻孔的同时使其兼作注浆孔。选取部分洞顶处的钻孔留作排气孔，且每个溶（土）洞至少要有 1 个排气孔，间距 4.0m。溶（土）洞充填处理：对外侧 2 排注浆管注双液浆，间距 1m×1m，对内侧注浆管注水泥浆，间距 2m×2m。注浆管采用 PVC 套管，进入溶（土）洞底部以下 0.5m。

3.3.4 注浆材料及注浆参数设置

纯水泥浆采用 P·O42.5 级水泥，水灰比为 0.8：1～1：1。

水泥与水玻璃双液浆水泥采用 P·O42.5 级水泥，水玻璃模数为 2.4～3.4，双液浆混合后，现场试验失去可泵性的时间约为 60s，需及时使用。

速凝剂掺量宜为胶凝材料质量的 2%～10%，当原材料、环境温度发生变化时，应根据工程要求，经试验调整速凝剂掺量。

砂浆材料采用 P·O42.5 级水泥和中砂在现场拌和，配合比为水泥：砂：水＝1：5.7：1，流动度为 70mm，灌入砂浆时，可利用砂浆孔相互作为出气孔，当砂浆不能继续灌入时停止灌注。

在正式注浆施工前，须预先进行现场注浆试验。以注浆试验结果为依据，确定注浆量和注浆范围，并对注浆参数进行合理调整。溶（土）洞施工的注浆速度为 30～70L/min，每次注浆间隔 6～10h。注浆扩散半径根据溶（土）洞填充物类型进行相应调整，填充物为粉质黏土和粉质黏土混合风化岩碎屑，按照 1.5m 厚设计；填充物为砂、风化岩碎屑，按照 2～2.5m 厚设计。不同注浆位置的注浆压力设置不同，周边孔、止浆墙，注浆压力为 0.2～1.0MPa，施做 3～4 次。遵循相对小压力、多次数、较大量控制的一般原则。中央孔，注浆压力按 0.8～2.0MPa 控制，施做 3 次。岩面注浆，注浆压力为 0.1～0.15MPa，维持压力为 0.15MPa，维持 10～15min。如果在基本封闭的溶（土）洞中，压力控制很难保证注浆质量，应在溶（土）洞范围内增设间距为 2m 的观察孔。

3.3.5 施工工艺及技术要求

溶（土）洞注浆处理施工顺序为：施工准备、先导孔钻进、注浆前试验注浆、封孔、一般注浆孔钻进、注浆效果检测。具体要求如下：

（1）放线定位，先用全站仪测量每排两边的最外边两点的坐标点，再通过这些坐标点用拉线和卷尺量测的方法定出两点中间其他钻孔孔位。定出孔位后，应进行适当标注，一般用油漆笔喷写。

（2）钻机就位及钻孔孔位确定后，应使钻机底部平整稳固，在开钻前利用吊锤钻头和钻孔的垂直度进行检测，并在钻进 2m 及以后，每加 1 节钻杆时，调平校正钻机，要求钻孔的倾斜度为 1%。基坑封底注浆厚度需与围护桩底同深。

（3）探边界操作方法见注浆孔布置。

（4）制备、置换套壳料。套壳料可用膨润土，在现场直接配制，利用钻杆将套壳料与钻孔内的泥浆进行置换。首先加压套壳料，压力的作用使其顺着钻杆到达钻孔底部，随着套壳料不断挤压泥浆，泥浆从地面孔口被挤出，通过提前挖好的泥浆沟流入泥浆循环池中。当泥浆循环池中出现套壳料时，说明置换基本完成，可停止。

（5）安装套管分为花管和实管两部分，全填充的溶（土）洞可采用花管注浆，半填充、未填充溶（土）洞注浆管、检查管及排气管均采用 PVC 实管。全填充的溶（土）洞采用花管，材质根据现场试验和盾构施工经验选取，根据注浆高度配备，下管时管内灌入清水，使花管下至孔底，且高于地面 10～20cm。下管时管与管间连接必须牢固，套管底端套好锥形堵头，上端盖保护帽。

（6）注浆按照钻孔完成时间的先后，待套壳料达到强度要求后，将单项袖阀管中的注浆钢管（带双塞）下放到注浆初始位置，采用分段注浆的方法，分段长 2.0m，分段注浆自下而上进行。

在注浆完成前溶（土）洞处理要满足一定的要求。注浆压力控制在 0.4～1.0MPa，注浆速度为 30～70L/min。花管和注浆芯管下放到洞底以下 0.5m，必须从洞底往上压注水泥浆。每当注浆压力达到 0.4～0.5MPa 时，注浆芯管可提升 0.4m，逐段往上注浆直到洞顶，最后注浆压力达到 1.2MPa 并稳压至少 10min 方可终止注浆。

（7）封孔终止注浆后应对每个钻孔进行封孔处理，封孔采用水灰比（0.5～0.7）：1 的水泥浆，分段从下往上灌注。

3.3.6　施工常见问题及处理措施

注浆施工过程中，大溶（土）洞坍孔、注浆管路堵塞、掌子面及已开挖段跑浆、孔间串浆、注浆压力长时间不上升，以及注浆引起地表隆起是常出现的问题，这些问题的出现不仅影响施工进度，也影响施工人员情绪，因此，应尽量避免注浆施工过程中出现这些问题。

3.3.7　岩溶突水、突泥应急处理

区间隧道洞身广泛分布于溶岩地层，岩溶发育强烈，水文地质条件复杂。岩溶地段主要可能遇到的工程问题有：岩溶突水、突泥。突水、突泥地段施工可根据围岩实际情况采用高压劈裂注浆、挤压注浆或渗透注浆，必要时可采用超前抽排水与设止浆墙相结合的施工方法。注浆的目的是固结围岩，使围岩形成强度较高、渗透系数较低的结石体。当地下水水压较高时，应进行钻孔卸压操作，对突水处钻孔实现分流，当突水口被分流且由集中流变为细流时应及时封堵、钻孔数目根据突水量而定，钻孔深度根据现场围岩和实际情况而定，一般为 10～15cm。在进行突水口引排、封堵，钻分流孔后，突水口水量相对变小，可以利用一种带开关的大直径钢管引排突水，同时在其旁边设置带开关的注浆管，接通注浆泵进行双液注浆，封堵钢管周围部分，使突水只从钢管流出，最后进行注浆作业，关闭

导水钢管开关，致使突水全部从分流孔排出，进一步在突水处压注水泥浆加固，使突水处趋于安全，然后由近及远逐次向分流孔内压注水泥浆，逐个封闭分流孔。

3.3.8 处治效果检查及分析

岩溶处治方案实施后，为了检验处治效果是否达到设计方案的预期要求，需要采取一定的技术手段对注浆效果进行检测分析，检测的内容主要包括溶（土）洞注浆加固效果检查、地基承载力检测、土层的渗透性效果检查等。

（1）溶（土）洞注浆加固效果检查。溶（土）洞注浆加固后应对加固效果进行检查，建议从固结状态与固结强度两个方面进行评定。固结状态：按土层随机取样的方式进行抽样检查，若样品完整，表明固结状态较好，反之样品呈现松散或碎状块，表明固结状态较差。固结强度：采用标贯法测定，标贯值达到坚硬状可判定固结强度为优硬塑状，可判定固结强度为合格，否则不合格。

（2）地基承载力检测［原隧道中心线底部位于溶（土）洞范围］，可按以下检查方法与标准进行检测：1）采用钻孔抽芯法做抗压试验，要求 28d 无侧限抗压强度≥0.2MPa；2）采用随机原位标贯试验，标贯击数≥10。

土层的渗透性效果检查，可采用野外注水试验和野外抽水试验。检测结果显示：1）注浆段的芯样较完整、连续，标贯法测定固结强度达到合格以上，注浆加固效果较好；2）芯样的抗压强度均＞0.2MPa，满足地基承载力的设计要求；3）注浆段地层加固较密实、均匀，土体渗透性满足要求。此外，对盾构区间进行岩溶处治后，盾构施工风险降低，且岩溶突水、突泥发生时，应急处理得当，隧道盾构施工顺利通过岩溶地段。长期监测发现该段围岩稳定，地层沉降在控制范围内，盾构隧道衬砌未见明显渗水，各项指标均满足规范要求。

（3）隧道工程施工过程中频遇岩溶难题，结合盾构区间的施工现场实际情况，提出了盾构隧道岩溶处理的原则和范围，分别从溶（土）洞处理和岩溶突水、突泥的应急处理等方面进行岩溶处治方案分析，并采取技术手段对处治效果进行检测及分析，确保盾构施工顺利通过岩溶地段。

3.4 湿地复杂地质盾构掘进辅助技术

3.4.1 盾构始发技术

本工程从 G3 盾构工作井始发，始发端地层主要为淤泥质粉质黏土层，此类黏土干强度高，韧性高，局部性质较差。在盾构始发时易发生涌水、涌泥现象或始发系统强度不够，造成始发失败，因此盾构始发是本工程的重难点之一。

盾构始发端头采用三轴水泥土搅拌桩＋高压旋喷桩加固，在始发前进行加固强度及效果检测，确保端头加固效果达到设计要求后再进行始发。盾构反力系统安装前按照所需最大推力进行反力系统的验算，并请设计单位复核确认；在安装过程中，严格按照计算书进行安装，安装完成后对反力系统焊缝进行探伤检测，并请监理单位验收。始发时，在始发基座和刀盘、止水帘布上涂抹黄油，减小盾构机体与基座之间的摩阻力和盾构机刀盘对止水帘布的破坏；盾尾进入洞门圈后，及时进行洞门的封堵，并通过管片注浆孔进行二次注浆，补充管片与土体之间的间隙。盾构始发施工流程图如图 3.4-1 所示。

1. 端头井加固及检查

（1）端头井加固

加固方法：始发端头三轴加固均采取 $\phi850@600$ 三轴水泥土搅拌桩加固，地下连续墙与三轴加固区之间的接缝采用 $\phi800@500$ 三重管高压旋喷桩加固。先施工三轴水泥土搅拌桩，在加固体与围护结构之间预留 500mm 空隙；盾构始发前一个月完成接缝处高压旋喷桩加固。对靠近端头井的第一排搅拌桩与高压旋喷桩需进行复搅和复喷。

图 3.4-1　盾构始发施工流程图

技术参数：为了增强加固效果，三轴水泥土搅拌桩施工采用跳打＋套打的方式，三轴水泥土搅拌桩的水泥采用 P·O42.5 级水泥，强加固区水泥掺量为 20％，弱加固区水泥掺量为 7％，水灰比为 1.2～1.5。高压旋喷桩的水泥采用 P·O42.5 级水泥，水泥掺量不宜小于 35％，水灰比为 0.7～1.0。三轴水泥土搅拌桩加固顺序图如图 3.4-2 所示。

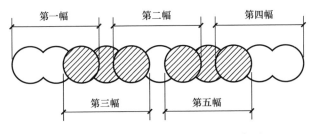

图 3.4-2　三轴水泥土搅拌桩加固顺序图

（2）加固效果检测

在盾构始发前，需对加固强度进行检测，检测方法分为垂直取芯检测及水平探孔检测。

垂直取芯检测：待始发端头三轴水泥土搅拌桩加固完成 28d 后，委托专业检测单位对加固区进行垂直取芯检测，要求取出芯样具有较好的自立性和均质性，且无侧限抗压强度 $q_u > 0.8$MPa，渗透系数 $\leqslant 1 \times 10^{-7}$cm/s。

水平探孔检测：盾构始发洞门凿除钢筋混凝土前，需进行水平探孔，在洞门圈内开 9 个水平观察孔（孔径 6cm、孔深约 1.5m），观察芯样是否连续及强度是否良好，观察孔洞有无流水、流泥砂等异常现象。水平孔洞封孔采用带球阀的长 2.0m 的镀锌管，孔口用双快水泥封堵密实，目的是若水平探孔后发现加固效果不佳，可将水平探孔作为注浆孔对靠近洞门的土体进行压注水泥浆补强，切断渗水通道。若进行洞门注浆，则在洞门凿除前必须重新打设水平探孔，确认无渗漏水，方可进入下一步工序。水平探孔位置图和水平探孔封孔图如图 3.4-3 所示。

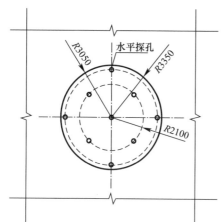

图 3.4-3　水平探孔位置图和水平探孔封孔图

2. 盾构始发基座安装

（1）基座结构形式

盾构质量体积较大且始发时具有很大的扭矩，因此，要求安装的基座有足够的刚度、强度和稳定性。本工程盾构始发基座均由槽钢、钢轨、钢板等焊接而成，基座强度满足受力要求。始发基座横断图如图 3.4-4 所示、始发基座平面图如图 3.4-5 所示。

（2）基座安装控制

根据施工图的要求，G2～G3 盾构区间线路出洞 220m 内没有坡度，考虑在加固区内对盾构机姿态较难控制，且盾构机出加固区时为软弱淤泥地层，因此将托架

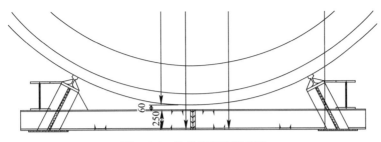

图 3.4-4　始发基座横断面图

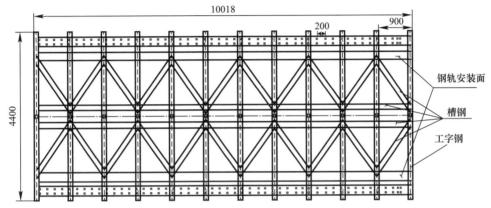

图 3.4-5　始发基座平面图

整体抬高 3cm。

　　盾构机下井前，依据隧道设计轴线、洞门位置及盾构机的尺寸，计算出始发基座的空间位置。将盾构基座的位置按实际测量结果准确放样，安装时，按照测量放样的基线，将盾构基座吊入井下焊接就位，将基座上的两根轨道中心线按隧道设计轴线等距平行放置，确保基座轨道高程满足盾构机机头对准洞门中心的要求。复测基座位置后，在基座四周焊接 H 型钢横支撑，与盾构工作井结构固定牢靠，防止盾构掘进时发生位移。

　　盾构机主机吊装下井前，在始发基座的轨道上涂硬质润滑油以减小盾构机在始发基座上向前掘进时的阻力。

　　3. 盾构机分体吊装、组装及调试

　　当施工场地具备条件后，将盾构设备解体运输至现场。然后将盾构机吊入井下组装，并在盾构基座上正确就位，由专业技术人员调试验收。

　　（1）盾构机吊装下井

　　盾构机吊装流程图如图 3.4-6 所示。

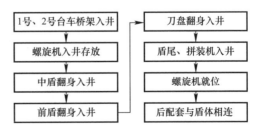

图 3.4-6　盾构机吊装流程图

（2）盾构机组装

根据本工程施工条件，投入的盾构机总长度约 73m，G3 盾构工作井南端头墙与中间出土口的距离为 43.4m，考虑盾构分体始发为两次。具体方案如下：

1）第一阶段：后配套系统采用电瓶车＋渣土车＋管片车/浆车，始发长度 60m，浆车与管片车互换，掘进至 40m 时，下井后续 5 节台车转接。

2）第二阶段：后配套系统采用电瓶车＋渣土车＋浆车/管片车，始发长度 60～125m（6 环/d），拆除负环。

3）第三阶段：后配套系统采用电瓶车＋渣土车＋浆车＋管片车，轨道需调整。掘进至 125m 处，在洞内铺设道岔。

（3）盾构机调试

1）空载调试

盾构机组装完毕后，即可进行空载调试。空载调试的目的是检查盾构机各系统和设备是否能正常运转，并与出厂组装时的空载调试记录比较，从而检查各系统是否按要求运转，速度是否满足要求，对不满足要求的，要查找原因。主要调试内容为：配电系统、液压系统、润滑系统、冷却系统、控制系统、注浆系统的调试，以及各种仪表的校正。

盾构设备经空载调试，确认各项性能达到设计要求后，方可进行试掘进施工。

2）负载调试

通过空载调试证明盾构机具有工作能力后，即可进行盾构机的负载调试，负载调试的目的是检查各种管线及密封设备的负载能力，对空载调试不能完成的调试工作做进一步完善，以使盾构机的各个工作系统及辅助系统达到满足正常施工要求的工作状态。始发 100 环时，掘进时间即为对设备负载调试时间。

3）盾构机井下验收

调试全部完成后由施工单位和监理单位组织盾构机在井下总装验收，对盾构机的每一系统和性能进行运转，同盾构机技术规格书和施工要求参数进行对比，均满足要求后验收合格。

4）盾构机后靠系统安装

① 反力架结构形式

反力架由 4 片钢梁组成，钢梁采用 Q235 钢板焊接而成，钢梁之间采用螺栓连接。竖向钢梁选用 30mm 厚 Q235 钢板加工焊接而成的箱型钢梁，横向钢梁及斜梁选用 30mm 厚 Q235 钢板焊接而成的工字钢，设 10 个支点，其中，底部钢梁支撑于底板，侧面竖向钢梁支撑于中板，中间两个支点采用钢管斜撑底板，斜撑采用 $\phi800$ 钢支撑。

② 反力架布置形式

反力架钢板在底板混凝土浇筑前预埋，随底板一次浇筑。

4. 洞门密封装置安装

为了防止盾构始发掘进时的泥土、地下水等从盾壳与洞门的间隙处流失，在盾构始发时，需安装洞门临时密封装置。密封装置主要由帘布橡胶板、圆环板、翻板组成，洞门密封装置示意图如图3.4-7所示。

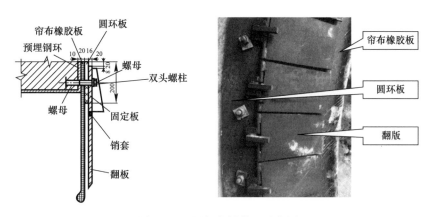

图3.4-7　洞门密封装置示意图

密封装置安装施工分两步进行，第一步在始发端内衬墙的施工过程中，埋设好始发洞门的预埋钢环；第二步在盾构始发前，对螺栓孔进行清理，并安装帘布橡胶板、圆环板和翻板。

洞门密封装置保护措施有：（1）凿除洞门时，注意对已安装好的密封装置的保护，破除洞门后对整个洞门密封装置做全面的检查；（2）为防止盾构掘进时，刀盘损伤帘布橡胶板，盾构机向前掘进前，在帘布橡胶板外侧及刀盘边刀上涂抹黄油；（3）盾构出洞时，尽量不做姿态调整，避免盾构将翻板压坏；（4）盾构出洞后，要密切关注密封装置，发现帘布橡胶板受损，要及时采取措施，使得翻板压紧橡胶板，确保密封。

3.4.2　盾尾密封刷更换技术

1. 盾尾密封刷损坏的原因

（1）盾尾密封刷在制造时质量有缺陷，承载力不足。

（2）盾构机在始发前，盾尾密封刷的油脂涂刷不均匀，影响盾尾密封刷的密封效果，形成漏浆，造成盾尾密封刷的损坏。

（3）密封油脂的质量不好，对盾尾密封刷起不到保护的作用，或因油脂中含有杂质堵塞泵，使油脂压注量达不到要求。

（4）密封油脂量和油脂注入压力不足，造成盾尾密封刷的密封效果降低，形成盾尾渗漏。

（5）掘进姿态调整时，纠偏量不能过大，纠偏过大可能造成盾构机出现"蛇形"前进的现象，导致盾尾间隙大小不均匀，使盾尾漏浆，盾尾间隙过小容易挤坏盾尾密封刷，导致盾尾密封刷钢丝损坏，密封失效而漏浆。

（6）管片拼装不适，形成错台，致使盾尾密封刷不能完全包裹管片，形成渗透通道，在较高的注浆压力和水土压力等作用下导致管片尾盾间发生渗漏。

（7）管片拼装时操作不正确或野蛮操作，导致两块管片受力过大，破损后混凝土块进入盾尾，损伤盾尾密封刷。

（8）同步注浆压力不能超过盾尾密封刷的承载压力（0.5MPa）。同步注浆压力过大，会击穿盾尾密封刷。

2. 防止盾尾密封刷损坏的措施

（1）合理地调整盾体姿态，确保均匀良好的盾尾间隙。

（2）拼装前后多次量取盾尾间隙，以指导选择合适的拼装点位。

（3）拼装前，及时清理盾尾，避免杂质进入盾尾密封刷。

（4）及时调整盾尾油脂的油脂压力及油脂的性能。

（5）严格控制同步注浆与掘进速度的匹配性，控制注浆压力，防止盾尾被击穿，造成刷毛脱落。

（6）及时对成型管片进行复紧，防止管片变形压迫盾尾密封刷。

（7）依据地表的监测数据，适当地调整注浆量与注浆压力。

3. 本工程盾尾密封刷更换实施

本次盾尾密封刷停机更换位置的里程为 K2＋624，第 2405 环，位于蓬公荡路以北 40m 处的池塘内。

（1）盾尾密封刷更换作业

盾尾密封刷位于盾构机主机的尾部，与管片紧密接触，主要起着防止水、泥浆等沿着管片背部流进盾构机内部的密封作用，是防止盾尾发生涌砂、涌泥和漏水的关键密封措施。本项目由于盾构掘进距离过长，造成盾尾密封刷磨损严重，不能满足密封效果，造成盾尾漏水、漏浆，严重影响正常掘进并给施工带来较大隐患，因此，在洞内更换一道盾尾密封刷，增强盾尾密封效果。

1）在盾构掘进到第 2405 环的停机位置，油缸伸出量为 2200mm 时，在盾尾后倒数第 1～10 环管片及中盾位置做封水环箍，确保盾尾密封刷在更换前，后方无漏水、漏泥现象，尾盾露出加强环示意图如图 3.4-8 所示。

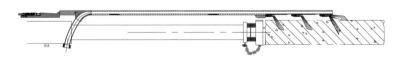

图 3.4-8　尾盾露出加强环示意图

2) 首先在倒数第 1~3 环管片的注浆孔处，向管片背后注入聚氨酯，聚氨酯完成注入后，在倒数第 4~10 环注入双液浆作为封水环；通过最后 1 环管片的安装孔，打设 60cm 钢筋，检查盾尾管片背后封水的效果；同时，通过中盾向注浆孔注入聚氨酯，确保刀盘前方的水流不会流至盾尾，封水环施工示意图如图 3.4-9 所示。

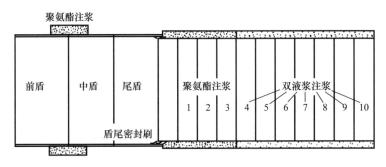

图 3.4-9　封水环施工示意图

3) 封水环效果检查合格后，掘进前，用油脂泵在盾尾密封刷注入油脂，确保盾尾密封刷腔内油脂饱满。利用推进油缸向前顶推盾构机至露出第一道盾尾密封刷为止，盾尾密封刷示意图如图 3.4-10 所示。

4) 掘进至盾尾密封刷露出后，利用拼装机将该管片移出，将密封刷

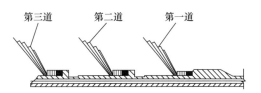

图 3.4-10　盾尾密封刷示意图

及沟槽上的油脂、砂浆等清除干净，由电焊工使用气刨将盾尾密封刷切除。切除前，用石棉板将拼装机的油管、电缆遮盖，避免电闸损坏设备。切除时由上往下，由外而内切除，逐个取出损坏的盾尾密封刷。切除完成后将盾尾密封刷附近的杂物清理干净。

5) 全部切除并清理完成后，开始焊接新的盾尾密封刷。盾尾密封刷安装顺序为依次搭接安装，在焊接最后 1 块盾尾密封刷时，盾尾密封刷稍宽，经过仔细量测后按尺寸切除多余的部分，确保两块盾尾密封刷之间有足够的搭接长度。

采用 CO_2 保护焊将盾尾密封刷焊牢，经过土建工程师验收后，再进行油脂涂抹。

6) 在盾尾密封刷全部焊接完成后开始盾尾油脂涂抹工作。每班 3 人同时进行盾尾油脂涂抹作业，涂抹时，分层将钢丝拨开后填入油脂，每层油脂应填塞饱满，不掉落、不漏涂。经土建工程师检验合格后，再进行管片拼装。

7) 在盾尾密封刷手涂油脂验收合格后，拼装管片，拼装管片前量测盾尾间

隙，进行管片选型。由于盾尾底部长时间受力，底部盾尾间隙较大，而上部盾尾间隙过小，安装管片时，按先上后下进行安装。管片拼装完成后，用盾尾油脂泵向油脂仓内注入油脂。

8）当油脂仓油压达到1MPa以上时，恢复正常掘进。正常掘进时应当注意同步注浆压力不得超过0.3MPa，以免压力太高击穿盾尾，造成盾尾密封刷损坏。

（2）应急处置措施

当盾尾密封刷更换过程中出现如下情况时，立即停止作业，并启动应急预案：

1）盾构机后退。

2）盾尾有大量涌水。

3）火灾。换盾尾密封刷需要进行大量切割、焊接工作，而工作环境有大量油脂，极可能引起火灾。

4）高处坠落。由于隧道较高，人员在高处作业可能有风险。

① 盾构机防后退措施

采用工字钢加工成约50cm的顶块，使用千斤顶将工字钢顶块与最后一环管片顶紧，防止更换盾尾密封刷过程中盾构机出现后退的情况。在更换过程中交替更换工字钢顶块位置，确保更换盾尾密封刷过程中不会出现盾构机后退的现象。

② 盾尾涌水、涌泥预防措施

若在第一道盾尾密封刷脱出后发现有漏水、漏泥现象，则立即用棉絮堵塞漏水点，应在盾尾最后一环管片注浆孔上提前安装好注浆球阀，对球阀注入聚氨酯进行封水。

若水是由盾构机前方涌来，应立即在相应的位置注入聚氨酯进行封堵，同时打开土仓壁上的球阀放水，放水后，确保水流不再从盾构机前部流入后，对土仓进行保压，确保掌子面稳定。

若在更换盾尾密封刷过程中出现漏水、漏泥的现象，应使用混合油脂的棉纱进行堵塞，在盾尾放置一台污水泵进行抽排水处理，在盾尾后续三环位置连续注入聚氨酯进行封堵。若漏水量过大，立即停止盾尾密封刷的更换作业，将提前准备好的管片拼装，恢复掘进工作，对盾尾后续管片进行二次注浆封堵，待漏水封堵完成后，再更换剩余盾尾密封刷。

更换盾尾密封刷后，根据掘进监测数据显示，速率稳定，满足施工过程中的各项规范要求。

3.4.3 盾构施工配套设施设备及长距离盾构施工配套设施设备

盾构施工配套设备主要包括：轨道运输系统设备、二次运输设备、垂直提升设备、砂浆搅拌设备、通风设备、供电系统、供水系统、排污系统、二次注浆设备等，盾构施工设备布置如图 3.4-11 所示。

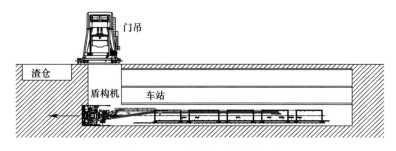

图 3.4-11 盾构施工设备布置

1. 轨道运输系统设备组成

盾构施工的场地特点：盾构始发井主框架施工完毕后，盾构机在车站里面组装、始发。盾构机施工期间，在始发井主框架内为盾构机设置一个安装井，它也兼作出渣井（除安装井外，有时也专门另设出渣井）。施工运输包含了水平运输和垂直运输两大部分。

（1）由提升门吊、门吊上的翻转倒渣装置（或固定在地面上的翻转倒渣装置）、门吊轨线、地面渣仓等组成垂直运输系统，包括：渣土的垂直运输及管片、材料垂直下放运输。

（2）由牵引机车、渣土运输车、砂浆运输车、管片运输车及轨线组成水平运输系统（图 3.4-12）。列车进入盾构机后，应刚好使管片运输车位于管片吊机下方。管片运输车前面不能有其他车辆，否则会妨碍管片的吊卸。

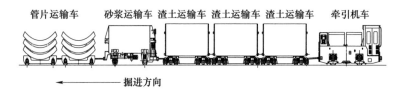

图 3.4-12 水平运输系统

（3）由钢轨、轨枕、浮放轨组成隧道运输轨线，轨线根据需要可以设计为单线、四轨双线或复合式轨线。本工程的轨道运输系统主运输轨线为单线制轨线，在后配套系统后部设两副浮放双开道岔组成会车点，本工程轨道设置如图 3.4-13 所示。当隧道很长时在隧道中部增设双线会车点，会车点可以是固定的或可移动的，会车点间隔距离根据运输系统参数计算确定，这样既节省钢轨和轨枕材料，又满足特长盾构区间施工运输的需要。当盾构区间长度较短时，复合式轨线相当于四轨三线制轨线，利用盾构掘进时间，另一组空的编组列车可驶入，在后配套系统后部等待。优点有：1）左右两线的运输互不干涉，运输是连续的，与区间隧道的长度无关。无论区间隧道长度多少都能适应。2）编组列车的容量和编组列车数受运行因素的影响较小，配置的灵活性大。3）列车调度较为灵活，易于应对突发性故障和事件。4）工序适应性较强，当工序临时变动时，便于临时调度。

图 3.4-13　本工程轨道设置

（4）道岔安装的质量是水平运输系统的重中之重。

2. 轨道运输系统循环过程

编组列车进入隧道时，管片运输车、砂浆运输车为重车，将管片、砂浆和其他材料运入，运渣车为空车。驶出隧道时，管片运输车、砂浆运输车为空车，运渣车为重车，将渣土水平运出。列车到达洞口的出渣井后，提升门吊把渣车车厢吊离渣车底盘，到达地面相应的高度后，车厢随门吊小车横移到渣仓纵向位置，再随门吊大车移动到渣仓横向位置，利用设置在门吊上的翻转机构，随着吊钩的下落，车箱及渣土利用重心与转轴的不平衡而翻转卸渣。

卸渣的总体布置与场地布置有很大的关系，根据出渣井与渣坑各自的位置，门吊的行走方向有的顺着出渣井，有的横着出渣井，有的翻渣装置在门吊上随门吊移动，有的固定在渣坑上。在确定方案之前，首先要完成场地布置，才能确定门吊的主体结构和翻渣装置结构，图 3.4-14 为 L 形始发井的设计平面图，由于现场环境的实际限制因素，始发井被整体布置成 L 形，并可兼顾运输、吊装、停放、加工等多项功能。

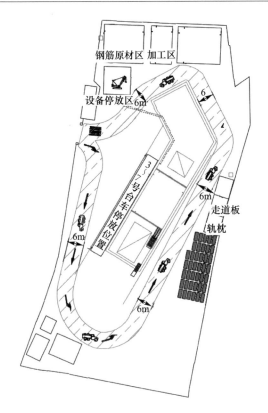

图 3.4-14　L 形始发井的设计平面图

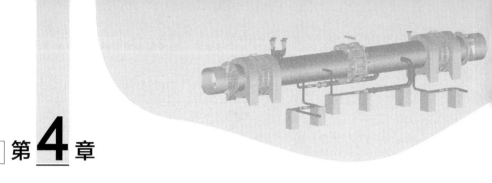

第**4**章

湿地复杂环境盾构掘进引起的邻近带压管线变形实测与分析

4.1 工程概况

G2～G3盾构区间隧道线路附近有带压天然气管线，盾构区间下穿高压天然气管线2次，2次下穿中间区域与天然气高压管线并行，并行里程为K2＋731～K5＋220，并行长度约为2489m，最小平面间距为11m，2次下穿位置约在里程K5＋398与K2＋859处，高压管材为DN620mm钢管；盾构区间与中压管线竖向并行里程为K4＋865～K5＋115，中压管线的管材为镀锌铜管，直径为20mm，埋深为3.5～7.5m。

G2～G3盾构区间穿越的地层依次是淤泥质粉质黏土、淤泥和淤泥质粉质黏土、粉质黏土和淤泥质粉质黏土、粉质黏土、砂土和粉质黏土、含砂圆砾卵石和粉质黏土、全风化粉质砂岩和含砂圆砾卵石、强风化粉质砂岩、中分化粉质砂岩。

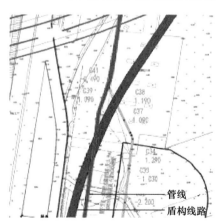

图4.1-1 盾构第一次下穿燃气
管道平面图

盾构第一次下穿高压燃气管线交点位于里程K5＋398处，此处隧道埋深12.6m，高压管线在其上方6.04m处，交点处盾构隧道与高压管线均处于淤泥质黏土地层，盾构第一次下穿燃气管道平面图如图4.1-1所示。

盾构第二次下穿高压燃气管线交点位于里程K2＋859处，下穿交点处隧道埋深21.1m，高压管线在其上方9.5m处，此处高压管线在粉质黏土地层，隧道在强风化泥质地层，两者之间夹杂着含泥圆砾卵石，盾构第二次下穿燃气管道平面图如图4.1-2所示。

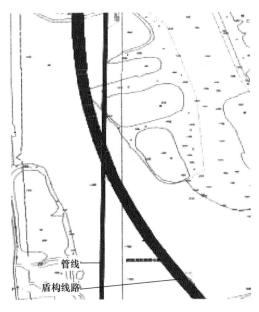

图 4.1-2　盾构第二次下穿燃气管道平面图

　　盾构掘进过程中存在一段与高压管线侧面并行的区段，并行区间段盾构机轴线与管线轴线水平间距为 11m 左右，区间隧道与高压燃气管线并行平面图如图 4.1-3 所示。

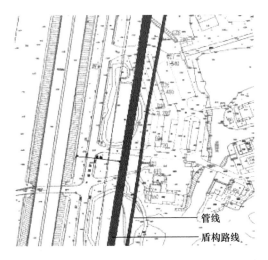

图 4.1-3　区间隧道与高压燃气管线并行平面图

　　盾构掘进过程中存在一段与中压管线竖向并行的区段（盾构机位于中压管线正下方），盾构区间与中压管线平面图如图 4.1-4 所示，隧道埋深在 15～18m，隧道和管线的间距为 7.89～8.3m，隧道多数在粉质黏土层，管线多数在淤泥质黏土层。

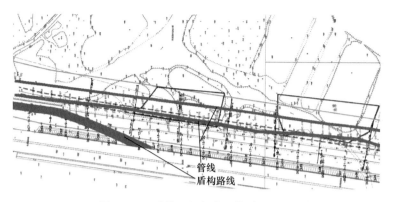

管线
盾构路线

图 4.1-4　盾构区间与中压管线平面图

4.2　盾构机穿越施工专项控制措施

4.2.1　参数的设定

盾构在下穿过程中主要控制的施工参数是土仓压力、推力、刀盘扭矩及掘进速度。当盾构开始掘进时首先打开泡沫剂注入系统进行渣土改良，其次调整盾构机刀盘转速，使刀盘达到设定转速，再次缓缓增加 4 组千斤顶的油压，用于平衡盾构机前体和刀盘的重力，防止盾构机栽头。当刀盘扭矩过大时，应调整泡沫剂和水的注入量或反转刀盘，待扭矩到设定范围之内再增加推力，当掘进速度控制在设定值时，停止增加推力。盾构掘进的同时观察土仓压力的变化，当土仓压力慢慢升高到设计压力时开始出土，通过首环掘进调整出土量，当土仓压力低于设定压力时，螺旋机转速降低，减少出土量，使土仓压力提高，当土仓压力高于设定压力时，螺旋机转速提高，增加出土量，正常掘进阶段螺旋机转速调整量不宜过大，防止土仓压力上下波动值过大，对掌子面地层产生扰动，引起地面沉降。

1. 第一次穿越高压管线参数设定

掘进参数设定：土仓压力为 0.15～0.17MPa，出土量为 41～43m³（一斗土油缸行程 40～45cm，一环 2.5～3 斗土），推力为 7000～9000kN，刀盘速度为 1.0r/min，刀盘扭矩为 480～520kN·m，掘进速度为 60～80cm/min，螺旋机转速为 6～8r/min，螺旋机（现在两个驱动）扭矩为 60～70kN·m。

2. 第二次穿越高压管线参数设定

掘进参数设定：土仓压力为 0.15～0.17MPa，出土量为 41～43m³，推力为 7000～9000kN，刀盘速度为 1.0r/min，刀盘扭矩为 480～520kN·m，掘进速度为 60～80cm/min，螺旋机转速为 6～8r/min，螺旋机（现在两个驱动）扭矩为 60～70kN·m。

4.2.2　同步注浆和二次注浆

盾构区间在穿越施工期间，采用同步注浆与二次注浆结合的方式，分别采用如表 4.2-1、表 4.2-2 所示配合比，同步注浆的用水量按照浆液稠度为 10～12cm 进行控制。

同步注浆配合比（每立方米）　　　　　　　　　表 4.2-1

水泥（kg）	粉煤灰（kg）	膨润土（kg）	砂（kg）	水（kg）	初凝时间
100	336	100	1000	约 450	12h

二次注浆配合比　　　　　　　　　表 4.2-2

水泥浆		水玻璃（kg）	体积比（水泥浆：水玻璃）	初凝时间
水（kg）	水泥（kg）			
1	1	0.68	2：1	35″

1. 同步注浆控措施

盾构向前掘进的同时，进行同步注浆，同步注浆的速度与盾构掘进速度相匹配，掘进与注浆同时结束。注浆由盾构机上配备的砂浆泵进行注浆，注浆前开启注浆泵，开始注浆。注浆的压力（冲程数）由盾构机长设定，目前初步定为 20L/次。同步注浆时要求在地层中的浆液压力大于该点的静止水压与土压力之和，做到尽量填补而不宜劈裂。注浆压力过大，隧道将会被浆液扰动而造成后期地层沉降及隧道本身的沉降，并易造成跑浆；而注浆压力过小，浆液填充速度过慢，填充不充足，会使地表变形增大。本工程同步注浆压力设定为按掘进参数交底实施，并根据监测结果做适当调整。

同步注浆采用盾构机上配置的 4 个注浆孔同时压注，通过每个注浆孔出口的压力检测器，对各注浆孔的注浆压力和注浆量进行检测与控制，从而实现对管片背后的对称均匀压注。注浆可根据需要选择自动控制或手动控制，自动控制预先设定注浆压力，由控制程序自动调整注浆速度，当注浆压力达到设定值时，自行停止注浆。手动控制则由人工根据掘进情况随时调整注浆流量，以防注浆速度过快，而影响注浆效果。

2. 二次注浆控制措施

根据地面沉降监测情况进行二次注浆。二次注浆采用水泥浆＋水玻璃组成的双液浆，注浆压力比该位置水土压力增加 0.02～0.05MPa，使浆液具有一定的扩散能力，又不至于对周边土体和注浆体产生较大影响。

浆液配合比：水泥浆采用 P·O42.5 级水泥，水灰比为 1：1；水玻璃采用波美度 35 的溶液与水按 1：2 进行稀释。注入时水泥浆：水玻璃为 1：1。

在注浆前先选择合适的注浆孔位，接上注浆单向止回阀后，钻穿该孔位 3cm 保护层，接上三通及水泥浆管和水玻璃管。注双液浆时，先注纯水泥浆液 1min 后，打开水玻璃阀进行混合注入，终孔时应加大水玻璃的浓度。在一个孔注浆完结后应等待 5～10min 后将该注浆头打开疏通查看注入效果，如果水很多，应再次注入，直至有较少水流出时可终孔，拆除注浆头并用双快水泥砂浆对注浆孔封堵，带上塑料螺栓并进行下一个孔位注浆。

（1）第一次穿越

1）同步注浆参数设定：同步注浆压力为 0.2～0.3MPa，同步注浆量为 4m³/环，同步注浆液初凝时间为 8h，水泥掺量为 200kg，稠度为 120～130mm。

2）二次注浆参数设定：白班夜班交接班后，首先安排二次注浆，封闭上一个班掘进过程中未初凝的同步注浆液，减少同步注浆液流失造成的沉降，二次注浆采用双液浆，注浆量暂定 1m³/环，注浆位置为管片脱出盾尾后第 9 环。同时管片脱出盾尾后第 9 环开始在管片上部开孔进行二次注浆，每隔 6～7 环（1 个班）注浆 1 环，每环压注暂定 1m³，浆液采用双液浆，配合比经调试确保在脱离管片注浆孔处能及时凝固，防止流入管片底部，从而在管片上部形成一个环箍，降低管片的上浮量。

（2）第二次穿越

1）同步注浆参数设定：同第一次穿越同步注浆参数设定。

2）二次注浆参数设定：同第一次穿越二次注浆参数设定。

3）现场配备 2MPa 压力表，注浆压力≤0.2MPa，注浆量暂定 1m³/环，注浆压力和注浆量双控，根据监测情况及时调整。配置磅秤及配合比标识牌，测定现场注浆浆液凝固时间，对水泥和水玻璃进行称量。

4.2.3 其他保护措施

1. 刀盘前土体改良

由于盾构机穿越地层地质情况较差，掘进前需及时添加水和泡沫剂，通过土体适当改良，防止渣土过干造成刀盘扭矩过大、卡皮带机，泡沫剂原液用量为 40L/环，稀释比例为 2%～4%，泡沫剂与空气比为 1：10～1：6。根据模拟掘进段泡沫剂使用试验结果对各项注入参数进行调整，以期达到理想的出土效果。

2. 盾尾油脂的使用

盾构在下穿期间，油脂用量约为 40kg/环，以防止盾尾漏浆引起地面沉降。

3. 合理安排施工工序

盾构下穿燃气管线期间，项目部指派 1 名副经理带班作业，主要负责分配掘进出土与管片拼装等主要施工工序的时间，尽量缩短测量、渣土车等待的时间，提高运输效率，维持作业面连续施工，并及时按照设计的排环顺序组织管片材料的下井运输，加快管片拼装作业。各资源要合理调配，并布置合理，以保证盾构整体施工的连续性和有效性。

4.3　现场监测方案

4.3.1　监测方案

　　盾构两次下穿过程中，第一次下穿高压管线交点周围一共布置了 13 个测点，分别为 GY1～GY13，间距为 5m，第二次下穿位置在池塘下方，未布置监测点。

　　盾构与高压管线并行区段测点较多，分别为 GY24～GY65，由于盾构区间存在池塘，测点为非连续点，连续处测点间距为 5m；中压管线下方并行盾构隧道管线的测点为 ZY19～ZY47，测点间距为 5m。

　　按国家二等水准测量规范要求，历次沉降变形监测是通过工作基点间联测一条二等水准闭合线路，由线路的工作基点来测量各监测点的高程，各监测点高程初始值在监测工程前期测定三次（三次取平均值），某监测点本次高程减前次高程的差值为本次沉降量，本次高程减初始高程的差值为累计沉降量。

　　沉降点的沉降值 ΔH_t 等于沉降点与基点间高差 Δh 在 t 时刻的改变值。

$$\Delta H_t(i, i-1) = \Delta h_t(i) - \Delta h_t(i-1) \qquad (4.3\text{-}1)$$

　　式中　$\Delta H_t(i, i-1)$ ——本次沉降点的沉降值，m；

　　　　　$\Delta h_t(i)$ ——本次测量监测点在 t 时刻的高差变化值，m；

　　　　　$\Delta h_t(i-1)$ ——本次测量基准点在 t 时刻的高差变化值，m。

　　误差处理：常见的水准路线一般分闭合水准路线和附合水准路线两种。附合水准路线中，理论上两已知高程点间所测得各段高差的代数和等于两已知高程点高差。由于实测过程中存在误差，使两者不完全相等，两者之差称为高差闭合差。

$$f_h = \sum h - (H_B - H_A) \qquad (4.3\text{-}2)$$

　　式中 h 为高差，m；H_B 为终点高程，m；H_A 为起点高程，m。

　　闭合路线中由于起止点为同一点，因此理论上各段高差代数和等于零，但实测高差不一定为零，从而产生了闭合差。

$$f_h = \sum h \qquad (4.3\text{-}3)$$

　　当闭合差在允许的范围内，则可将闭合差反符号平均分配到各段高差上。

4.3.2　监测控制指标

　　根据《建筑基坑工程监测技术标准》GB 50497—2019、《城市轨道交通工程监测技术规范》GB 50911—2013 的要求，结合施工单位监测经验，各监测项目的监测报警值如表 4.3-1 所示。

各监测项目监测报警值 表 4.3-1

监测项目	日报警值	累计预警值	累计报警值	控制值
地下管线竖向位移（刚性有压管）	±2mm/d	±7mm	±8.5mm	±10mm

4.4 管线沉降数据分析

4.4.1 交叉处高压管线沉降分析

本小节对盾构第一次穿越高压天然气管线交点周围监测点的监测数据进行分析（测点 GXC-GY7、GXC-GY8、GXC-GY9、GXC-GY10、GXC-GY11），隧道下穿管线平面图如图 4.4-1 所示。

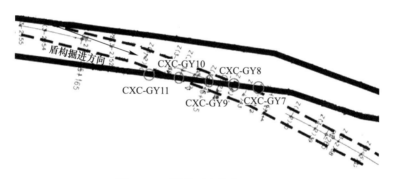

图 4.4-1 隧道下穿管线平面图

图 4.4-2 为盾构管道下穿高压管线交点处监测点沉降折线图。正值表示隆起，负值表示沉降：（1）5 个测点的整体变化规律较为一致。变形初期（盾构离穿越节点较远时），各测点呈现缓慢向上隆起变形，隆起值不大（0.2~1.5mm），随着时间的推移，隆起值迅速增大直至隆起峰值（GY11 处发生正向最大位移量，最大隆起值达到 17.45mm），随后又迅速回落并产生沉降，最终各个测点沉降达到稳定。（2）测点 GY10、GY11 最终沉降值均稳定在 −11.50mm 左右，而测点 GY7、GY8、GY9 在 2019 年 2 月 13 日~2019 年 2 月 14 日存在数值突变，沉降值骤增（测点 GY7 沉降量由 −3.53mm 增加至 −17.57mm；测点 GY8 沉降量由 −2.39mm 增加至 −19.31mm；测点 GY9 沉降量由 −2.56mm 增加至 −15.53mm），原因可能为：1）根据现场资料记录，此时盾构机停机维修，同步注浆与二次注浆没有及时补充，盾尾土体向盾尾空隙移动，产生位移突变。2）根

据地质勘察报告，盾构线路沿线分布着大小不一的孤石，处于淤泥质地层的孤石由于受到盾构施工扰动，稳定性差，产生了滑移面，滑体向盾尾空隙处产生较大位移，同时伴随着土体压密，土体与邻近管线都产生较大的位移突变。3）根据现场资料换算时间与掘进距离的关系，在盾构机掌子面经过测点 50 环左右的距离，发现测点产生最大沉降。

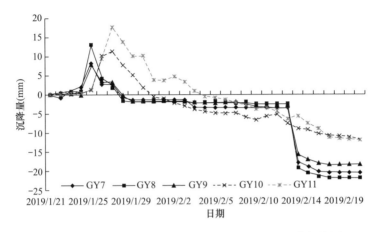

图 4.4-2　盾构管道下穿高压管线交点处监测点沉降折线图

　　图 4.4-3 为盾构掘进线路与高压管线相交区域中心测点 GY9 随盾构掘进的位移变化图。横坐标负值表示掌子面未经过测点时距测点的距离，正值表示掌子面经过测点时距测点的距离。从图 4.4-3 可以看出：（1）掌子面到达测点 3.5D（D 为隧道直径）距离前，高压管线不产生沉降（隆起）；（2）掌子面达到测点 2.5D 距离左右，高压管线开始出现隆起，表明盾构机刀盘推力大于掌子面前方水土压力，土体向上隆起，进而使得管线向上发生位移；（3）当掌子面通过测点后，由于监测断面土层不再受到来自盾构机刀盘的推力，监测点产生沉降；（4）当盾尾通过测点时，由于盾构机姿态纠偏、盾构机刀盘外径略大于盾构机壳体外径等引起的超挖现象导致地层与盾构机壳体之间存在间隙，使土体与管线下沉；（5）由于盾构同步注浆的作用，在掌子面离开监测点约 9D 时，管线的沉降量得到控制，稳定在 −1.81mm，但由于盾构机停机作用，管线沉降量发生突变，导致管线沉降量达到 −18.18mm，超过累计报警值，很可能导致有压燃气管线变形过大而开裂，严重时将会引起爆炸，反向危害盾构掘进施工。所以盾构机需要进行停机操作时，应采取以下保障措施：

　　1）因盾构机头部（即刀盘）较重，为防止盾构机栽头或整体下沉。在盾构机暂停前，总体保持盾构机实际轴线比设计轴线略高，盾构机头部比尾部略高。在停推前 10 环，盾构机切口高程控制在 10～20mm，盾尾高程控制在 −5～5mm。

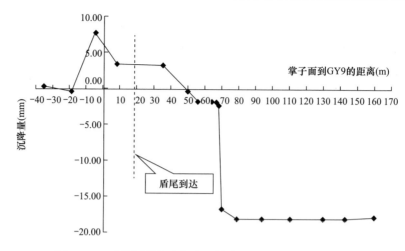

图 4.4-3　盾构掘进线路与高压管线相交区域中心测点 GY9
随盾构掘进的位移变化图

2）根据盾构机停机位置的土层特性设置合理的土仓压力，并设定停机前最后 20cm 掘进的土仓压力略高 0.02～0.03MPa，防止盾构机长时间停机使土仓内土压力下降。停机过程中对土仓压力进行监测，如土仓压力低于警戒值时，通过膨润土系统加入泥浆，保持土仓压力。

3）停机过程中前 3 环同步注浆液配合比减少含砂量，避免长时间停机可能引起同步注浆液裹住盾尾，造成恢复掘进困难。

4）盾构机停机后，对盾尾后第 10～15 环进行二次注浆。二次注浆的目的是稳定成型隧道，阻隔隧道后方地下水。二次注浆采用双液浆，为水泥浆和水玻璃的混合浆液。压浆时安排专人负责，对压入位置、压入量、压力值均做详细记录，并根据地层变形监测信息及时调整，确保压浆工序的施工质量。

5）盾构机暂停，前 5 环盾尾油脂压注量增加，停机后额外压注盾尾油脂。压注必须足量、均匀。在盾构机暂停时，为保证盾构机盾尾密封效果，在最后一环外弧面加一道海绵条，将管片与盾尾间隙进行封堵后，采用弧形钢板插入管片，迎千斤顶面，用千斤顶顶住，确保暂停阶段盾尾密封安全。停机后每周补压一次盾尾油脂，所有盾尾油脂点位均补入盾尾油脂。

6）停机阶段，对刀盘及土仓内补压膨润土浆液，起保持开挖面土压、增加刀盘前方土体含水量的作用。停机阶段暂定每周转动刀盘一周，同时补充膨润土浆液。

7）区间隧道左右线盾构机停机后，监测范围为盾构机前后 50 环，对地面环境监测点进行加密布置。

图 4.4-4 为高压管线随盾构掘进的位移变化图，正值代表隆起，负值代表沉降。在盾构机未通过交点（GY9）时，各测点的位移量多表现为正向位移（隆

起)，而随着盾构掘进过程的继续，各个测点的沉降值表现为凹槽的形式，盾构机轴线周围的测点沉降量较大。

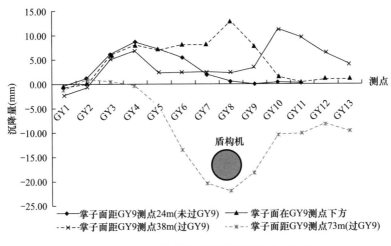

图 4.4-4　高压管线随盾构掘进的位移变化图

4.4.2　并行处高压管线沉降分析

本节对盾构侧面并行天然气管线的中轴线处的测点数值进行分析（测点 GXC-GY33、GXC-GY34、GXC-GY35、GXC-GY36），隧道与平行管线平面图如图 4.4-5 所示。

图 4.4-5　隧道与平行管线平面图

图 4.4-6 为各测点随盾构掘进的位移变化图。正值代表隆起，负值代表沉降。如图 4.4-6 所示：（1）随着盾构的掘进，各测点整体呈现沉降趋势，最后均趋于稳定；（2）测点 GY33、GY34、GY35 分别出现沉降反弹，主要是由于同步注浆的作用，使得土体向上抬升，带动高压管线向上移动。测点 GY36 并

未出现沉降反弹的情况，原因在于盾尾同步注浆量或注浆压力不充分，因此地层在盾尾间隙作用下发生沉降。所以在盾构掘进过程中应当时刻注意周边建（构）筑物的变形情况，并以此为依据及时调整盾构掘进参数，控制建（构）筑物变形发展。测点 GY33、GY34、GY35 的最终沉降量小于测点 GY36，说明适当同步注浆量与注浆压力可更好控制管线沉降。

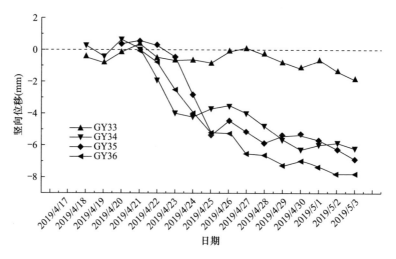

图 4.4-6　各测点随盾构掘进的位移变化图

　　图 4.4-7 为测点 GY33 随盾构掘进的沉降曲线图。正值代表隆起，负值代表沉降。由图 4.4-7 可知：（1）当盾构机掌子面离测点距离大于 6.5D 时，管线沉降现象不明显；（2）当盾构机离测点距离小于 6.5D 时，测点沉降开始迅速发展，当掌子面距测点小于 3.5D 时，沉降发展速度略微放缓，第一阶段沉降达到最大值−0.8mm；（3）当掌子面通过测点后，测点竖向位移迅速攀升，在盾构机通过测点 28m 左右时，隆起量达到最大值（0.4mm），随后测点位移变小，从隆起转为沉降，盾构机掌子面穿过测点 50 环左右，测点沉降达到稳定值，其稳定值为 0.6mm 左右。这一规律与盾构下穿管线工况保持一致。

　　图 4.4-8 为并行区高压管线测点稳定沉降曲线图。正值代表隆起，负值代表沉降。由图 4.4-8 可知：（1）仅有个别测点最终变形表现为隆起，大部分测点还是以沉降变形为主；（2）全断面软土地层中，高压管线最终变形量的绝对值平均值为 5.2mm。软硬不均地层中，高压管线最终变形量的绝对值平均值为 4.3mm。上软下硬地层中，高压管线最终变形量的绝对值平均值为 2.9mm。各地层中管线的变形程度从大往小依次为：全断面软土地层＞软硬不均地层＞上软下硬地层。

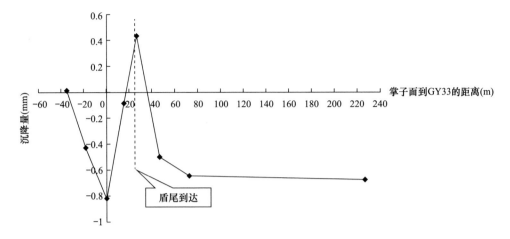

图 4.4-7　测点 GY33 随盾构掘进的沉降曲线图

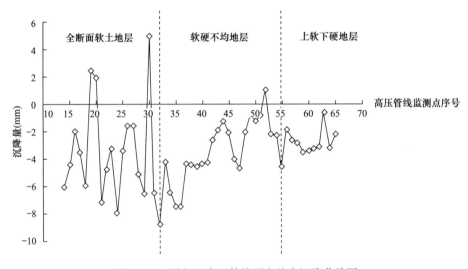

图 4.4-8　并行区高压管线测点稳定沉降曲线图

4.4.3　下方并行中压管线沉降分析

在盾构区间 G2～G3 内存在盾构隧道在中压管线正下方并行，本节针对这种施工工况形式，选取中压管线上具有代表性的测点进行沉降分析。

图 4.4-9 为测点 ZY33 随盾构掘进的沉降曲线图。正值代表隆起，负值代表沉降。由图 4.4-9 可知：（1）当盾构机掌子面离测点距离大于 7D 时，管线沉降现象不明显；（2）当盾构机未经过测点之前，测点 ZY33 呈缓慢隆起趋势，但总体隆起值不大，在 0.6～1.6mm 之间；（3）当掌子面通过测点 ZY33 后，测点位移往沉降方向发展，当盾尾距测点 15m 时，沉降发展速度加快。当盾尾移动至 25m 时，测

点沉降发展速度逐渐放缓，短暂稳定至沉降值为－25.69mm，随后由于土体受扰后的孔压持续消散，土体的固结沉降继续发展，最终当盾构机掌子面距测点 115m 时，管线沉降达到最大值（－36mm）并保持稳定。

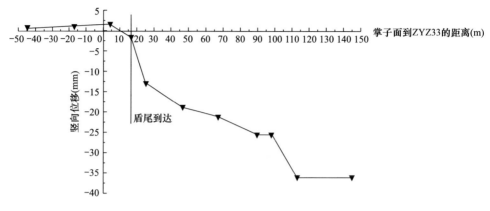

图 4.4-9　测点 ZY33 随盾构掘进的沉降曲线图

图 4.4-10 为中压管线测点随盾构掘进沉降变化曲线图。正值代表隆起，负值代表沉降。

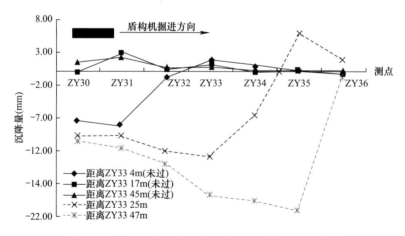

图 4.4-10　中压管线测点随盾构掘进沉降变化曲线图

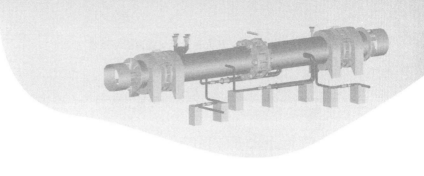

□ 第 **5** 章

小曲线施工盾构管片受力变形及优化研究

土压平衡盾构机在施工过程中，管片受到千斤顶推力、围岩压力、注浆压力以及盾尾约束等综合性的影响，普遍出现盾尾管片上浮和破损的现象，而相邻管片之间不均匀的上浮量就被称为径向环间错台，一般情况下破损和错台是共生的。管片错台的发生影响隧道净空，同时管片错台导致防水橡胶密封垫出现错动，进而影响管片的防水性能。错台也会引起管片之间的接触面和螺栓出现应力集中，导致管片局部出现开裂、破损，影响整体管片结构的受力。

在施工过程中转弯段出现的管片破损概率明显大于直线段，由于在转弯段盾体姿态一直处于不断调整中，千斤顶推力和管片的接触面存在部分角度，且在选择管片拼装点位时，管片由于调整的楔形量有限，当盾体姿态调整过大时，由于千斤顶推力与上浮错动的共同作用，极易出现管片破损开裂现象。

所以在盾构施工过程中，如何有效地控制小曲率盾构掘进段管片出现较大错台和破损问题，对整个施工过程质量控制有较大的作用。所以本章节从盾尾管片错台及破损的原因出发，根据实际监测数据，利用三维数值的全仿真模拟试验，重点研究千斤顶推力与衬砌背后注浆造成的管片结构的位移与内力变化特征，探讨盾构隧道上浮及内力的影响因素及其变化规律，进一步提出管片的结构优化措施，减少实际施工时盾构管片的破损率。

5.1 工程概况

本工程盾构区间出现多段小曲率盾构掘进区段，截取全断面软土区段作为本章节研究重点，对应盾构管片环号为第 119 环，此区段盾构顶板埋深为 10.8～12.6m，盾构机穿越的主要土层为淤泥质粉质黏土层和粉质黏土层，土层压缩性高、含水量高、孔隙比大、强度低、稳定时间长，在动力作用下极易产生流变、触变现象。场地浅部地下水属潜水类型，补给来源主要为大气降水与地表径流，水位动态为气象型，承压含水层水位一般为 0.50～1.50m，年变幅一般为 1～2m。该里程隧道线路平面线形为急曲线，转弯半径小（R 约为 400m），如此小曲率线路应用在软土地区盾构隧道工程中是非常少见的，导致盾构施工难度的增大，管片上浮以及盾构隧道的轴线偏移和管片错台及破损的问题尤为突出。

5.2 管片上浮原因分析

盾构机在区间隧道施工时，穿越淤泥质粉质黏土层，该土层为高压缩性土层，扰动后土体强度明显降低，自稳能力差，最大含水率为 44.0%，在此类土体中盾构掘进时易产生管片上浮现象。造成管片上浮的原因主要有以下几点：

1. 地下水作用力

由于盾构机穿越土层含水率较大，且地下水具有自流淌特性，当对土体扰动后，周围地下水大量汇集于盾构机作业位置，大量的地下水产生的浮力使盾构管片脱出盾尾后上浮。

2. 盾构机反向推力

盾构机穿越小曲率线路区间隧道时，盾构机千斤顶的推力与管片的环向轴力不平行时，盾构机的推力可分解为水平方向和竖直方向的分力，如果管片的自重小于竖直方向的分力，则可能造成管片的上浮。另外当盾构机上下油缸区推力差过大时，形成的反力偶尔也会导致相邻管片的上浮。

3. 相邻管片之间的相互作用力

当新拼管片 B 传递过去的力不垂直于后一管片 A 的环面时（掘进方向 A 到 B)，也可能导致管片的上浮，同时前一管片的反作用力将会导致后一管片的相对下沉。

4. 隧道轴线控制

在隧道的变坡点、反坡点，特别是在曲线最低点，管片上浮的情况较为严重，管片上浮原理示意图如图 5.2-1 所示。由图 5.2-1 可知，作用于 A 管片的推力 F 通过传递作用于 B 管片，并与 B 管片的轴线成一夹角。由 F 产生的分力 F_1 是导致管片上浮的主要原因，当 F_1 大于管片自重时管片上浮，而且夹角越大，分力就越大，由此产生的上浮情况越严重。

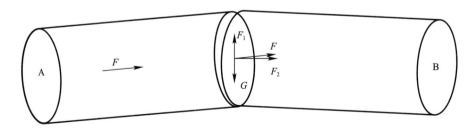

图 5.2-1 管片上浮原理示意图

5. 同步注浆

从理论上讲，浆液需 100％填充空隙，但浆液在通常情况下是失水固结，盾构掘进时壳体带土使开挖断面大于盾构机外径，部分浆液劈裂到周围土体，导致实际注浆量超过理论注浆量，而此注浆量难以控制，可能造成注浆效果的不饱满。而且同步注浆浆液初凝时间较长，极易被地下水稀释，强度较低，因此在一定程度上无法对管片进行约束，反而提供了上浮力。

5.3　管片破损原因分析

1. 拼装管片时拼装点位选择不合适

对于通用环管片，每环都有一定的楔形量，通过改变每环管片的拼装点位来达到直线和曲线掘进。每环掘进完成后，技术人员通过量取上、下、左、右四个方向第 1 环管片前端的盾尾间隙，然后读取每组推进油缸的行程，结合盾体在后面掘进环的整体变化趋势，判断出此环的拼装点位，从而达到管片与盾体的相互协调掘进，使成环管片线形与设计线形吻合。当技术人员在进行拼装点位选择时，由于人为原因导致点位选择错误，使前端成环管片随着掘进的不断进行，盾尾间隙逐渐减小，进而管片在脱出盾尾过程中，盾尾密封刷不均匀挤压管片外侧，使管片出现不规则的错动，管片接触部位出现点接触或线接触，在这些地方一旦受到千斤顶推力的作用，就会发生管片开裂和破损的现象。

2. 掘进过程中，未对管片螺栓进行复紧

在拼装成型管片脱出盾尾时，由于盾尾密封刷的存在，成环管片会受到盾尾密封刷的均匀挤压作用，产生径向的收缩变形，在拼装管片时虽然对连接螺栓进行了一定的预紧作用，但是当管片在脱离盾尾的过程中出现径向收缩后，连接螺栓都会出现一定的松动现象，当管片完全脱离盾尾后，由于缺少了盾尾密封刷的约束作用，成环管片间会出现较大的错动，后面受到千斤顶推力作用时，极易出现管片破损开裂现象。所以，在管片脱离盾尾过程中，对螺栓进行复紧会较好地避免管片错台和破损。

3. 掘进过程盾体姿态控制不合理

掘进过程是通过刀盘的滚动切割土体的作用和千斤顶推力顶进的作用，以此实现逐步的开挖掘进。盾体的姿态控制是由各组千斤顶推力大小和千斤顶有效行程来决定的，正确地对千斤顶进行有效控制是保证盾体和管片沿着设计线形准确向前掘进的前提。但是在施工过程，由于受地层约束、围岩压力作用、盾体自重等原因，使得盾体出现蛇形掘进、"抬头"掘进、"叩头"掘进等，此时千斤顶推力的控制就显得尤为重要了，当千斤顶推力过大、与管片轴线夹角过大、转弯时局部单向千斤顶组推力过大、千斤顶偏心等情况，会导致管片的不均匀变形，进而出现破损现象。

5.4 小曲率盾构施工全仿真数值模拟

利用地层结构法，建立盾构机、盾尾混凝土管片、混凝土管片连接螺栓、管片内部受力钢筋、浆液和水土压力多单位耦合的精细化数值模型，模拟高地下水位富水城市湿地地层小曲线半径段盾构施工时盾尾管片位移、隧道断面收敛变化、螺栓连接的应力变化、管片内钢筋的变形及应力变化情况，得到盾尾管片上浮规律以及管片、钢筋、螺栓的内力变化特征与规律；进一步通过改变拱顶钢筋直径优化盾构受力结构；另改变盾构机千斤顶推力，以盾构上浮量与内力变化为参考值，得到合理施工参数，达到优质安全、经济合理的目的。

本次模拟土体材料本构模型采用土体硬化模型（HS 模型），它是一种高级土体模型，与理想弹塑性模型不同的是，该模型可以考虑土体的压缩硬化和剪切硬化特性，屈服面随塑性应变的发生而扩张。大量用于基坑开挖、盾构隧道掘进等工程的有限元模拟，模拟结果与实际情况吻合较好。土体物理力学参数见表 5.4-1。

土体物理力学参数　　　　　　　　　　　表 5.4-1

地层编号	岩土名称	天然重度（kN/m³）	黏聚力（kPa）	内摩擦角（°）	压缩模量（MPa）	割线刚度（MPa）	卸载模量（MPa）
①₀	杂填土	(18.5)	(8.0)	(10.0)	(4.00)	(4.00)	(20.00)
①	粉质黏土	19.1	19.9	14.1	5.19	5.19	26.0
③₁	淤泥质粉质黏土	18.0	7.6	10.5	2.29	2.29	11.5
④₁	粉质黏土	19.5	39.8	13.3	6.28	6.28	31.5
⑤₁	粉质黏土	19.3	19.7	16.1	6.15	6.15	31.0
⑤₂₋₁	粉质黏土	(19.5)	(20.0)	(15.0)	(7.00)	(7.00)	(35.00)
⑦₂₋₂	圆砾	19.0	5.0	30.0	(12.00)	(12.00)	(60.00)
⑩₁	全风化泥质粉砂岩	(20.0)	(10.0)	(25.0)	(15.00)	(15.00)	(75.00)
⑩₂	强风化泥质粉砂岩	(21.0)	(50.0)	(30.0)	(20.00)	(20.00)	(100.00)
⑩₃	中风化泥质粉砂岩	(22.0)	(80.0)	(35.0)	(30.00)	(30.00)	(150.00)

注：括号内数值为经验值。

5.4.1　施工阶段管片上浮分析模型

由于盾构开挖直径大于管片外径，当管片脱出盾尾后，管片与周围地层之间存在间隙，未受到周围地层的约束，从而给管片提供了上浮及发生其他位移的空间。管片与周围地层之间的间隙采用同步注浆的方式进行充填，由于浆液的初凝需要较长时间，而盾构一直在向前掘进，因而始终存在一定长度的管片结构处于未凝固的浆液中。未凝固的浆液及地层中的静水压力给管片施加的浮力大于管片环重力，从而使管片有上浮趋势。

本章根据盾构隧道管片施工阶段的受力特点，基于地层结构法，利用大型有限元软件 ABAQUS 建立了施工阶段管片上浮分析模型。荷载结构法认为地层对结构的作用只产生作用在地下结构上的荷载（包括主动的地层压力和由于围岩约束结构变形产生的弹性反力），在此基础上采用结构力学方法来计算衬砌在荷载作用下产生的内力和变形。地层结构模型将地层和衬砌视作共同受力的统一体，可以分别计算衬砌和地层的内力，并据此验算地层的稳定性和进行结构截面设计。管片施工期上浮分析模型如图 5.4-1 所示。

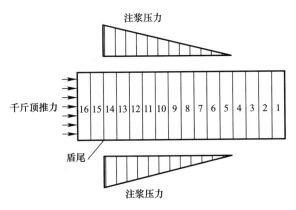

图 5.4-1　管片施工期上浮分析模型

1. 盾构机的作用

盾构机对管片的作用包含两部分，分别为千斤顶总推力与盾尾密封刷约束。千斤顶总推力是盾构施工过程中管片受到的主要荷载之一，总推力为作用在管片环缝上的所有单个千斤顶推力的总和。单个千斤顶推力为集中力，其通过撑靴作用于第 1 环管片上。本模型中千斤顶总推力简化为均匀作用于管片环缝的压力（实际模拟过程中会根据需要，对荷载进行区块划分，然后施加相应工况荷载），该简化方法对直接承受千斤顶推力的第 1 环管片有影响，但对其余管片没有影响。

盾构机盾尾密封刷由钢丝组成，其作用是防止地层中的地下水及注浆浆液进入盾构机内部。因其内径小于管片环外径，且当盾尾密封刷使用时，浆液将充满盾尾密封刷钢丝间的缝隙，其凝固后，增加了盾尾密封刷刚度，从而使盾尾密封刷对管片有较强约束。

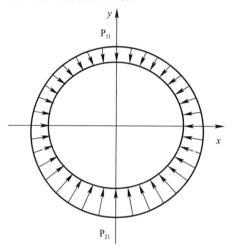

图 5.4-2　注浆压力分布图

2. 注浆压力

在盾尾到浆液初凝点范围内，管片受到注浆压力的作用。假定横断面上注浆压力随深度线性变化，注浆压力分布图如图 5.4-2 所示。P_{11}、P_{21} 都为盾尾位置。

3. 管片与螺栓

盾构隧道衬砌为预制管片，管片之间采用螺栓进行连接。本节模型中管片环简化为均质圆环，管片接缝法向接触为受压不受拉，切向为摩擦接触。

根据线路设计图纸，盾构隧道为错缝拼装，一般隧道衬砌环由 6 块管片拼装而成，即由 1 块小封顶块、2 块邻接块、2 块标准块和 1 块大拱底块组成：（1）大拱底块布置了两条对称的三角肋，在隧道施工期间可搁置运输用的轨枕，提供运输通道；在整体道床浇筑后，有利于加强道床和隧道间的整体联系，增加隧道底部刚度，提高道床与衬砌间的环向抗剪应力；在运营期间，可控制道床与隧道脱开后发生的相对移动；（2）在靠近隧道外弧面设弹性密封垫槽，内弧面设嵌缝槽；（3）在管片环面中部设了较大的凹凸榫，既利于施工准备、定位和拼装密贴，又可以提高施工过程中承受千斤顶顶力的能力，有效防止环面压损，同时也可提高隧道环向接头部位的抗剪能力，有利于协调隧道纵向差异沉降；（4）在管片端肋纵缝内设较小的凹凸榫；（5）环向管片间用环向螺栓紧密相连，纵向环间用纵向螺栓相连。

施工现场使用的隧道管片全环分为 1 块封顶块，2 块邻接块，3 块标准块。每个纵向接头通过 2 根螺栓连接，螺栓直径为 30mm，螺栓孔直径为 39mm，螺栓等级按 5.8 级计算。单环管片模型图如图 5.4-3 所示。

5.4.2　工程实例计算

G2～G3 盾构区间盾构机施工过程中，出现了一定程度的管片上浮现象。该区段盾构掘进区域主要位于淤泥质黏土地层。隧道拱顶埋深 10.8～12.6m，地下水位 H_w 为 $-0.2m$。针对该工程项目施工期间管片上浮的具体问题，采用有限元分析软件对其进行模拟。计算采用的典型工况断面示意图如图 5.4-4 所示。

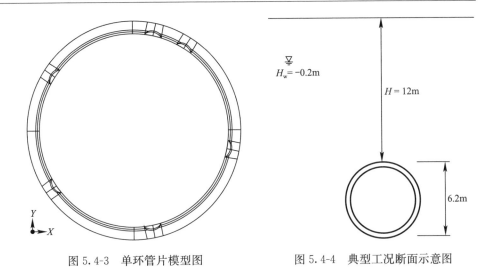

图 5.4-3　单环管片模型图　　　　图 5.4-4　典型工况断面示意图

1. 有限元模型及参数

由于盾构隧道施工的技术特点，施工现场影响因素多，难以积累到大量的有效数据，采用试验法又耗资巨大，不便于大量开展参数分析。而数值模拟方式以其能适应各种复杂的边界条件，前处理和后处理技术成熟，可以较为方便地进行大量方案的分析比较，并迅速用图形的方式表达计算结果的特点，是管片施工期上浮控制研究的重要手段，管片模型示意图如图 5.4-5～图 5.4-7 所示。

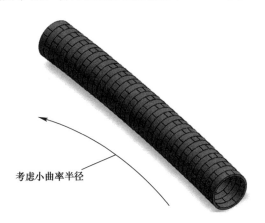

考虑小曲率半径

图 5.4-5　小曲线盾构掘进管片模型示意图

在数值模拟试验中管片和连接螺栓采用实体单元，接头接触面为硬接触即面面接触，该接触能够比较合理地模拟管片接头的变形。管片间接触面摩擦系数设为 0.2，接头摩擦力和螺栓共同提供隧道接头的抗剪能力。地层水土压力根据实际土层得出，螺栓与管片的材料及参数如表 5.4-2 所示。

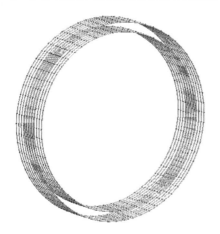

图 5.4-6　单环管片内部钢筋模型
示意图（主要考虑受力主筋）

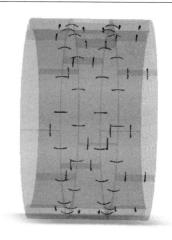

图 5.4-7　环间及管片间连接螺栓
模型示意图

螺栓与管片的材料及参数　　　　　　　　　　表 5.4-2

	大小	M30
	数量	12
	材料	钢
螺栓	弹性模量（N/m²）	2.06×10^{11}
	屈服应力（MPa）	500
	泊松比	0.3
	单元类型	B31
	外径（m）	6.2
	内径（m）	5.5
	壁厚（m）	0.35
管片	宽度（m）	1.2
	材料	混凝土
	弹性模量（N/m²）	3.45×10^{10}
	泊松比	0.2
	单元类型	C3D8

2. 计算结果

管片最大上浮量实测值与计算值对比如图 5.4-8 所示。

由于盾构施工是连续掘进的，因此，模型中不同位置的管片环也分别代表了某一环管片在施工期不同时间的状态，本节计算所得的最大上浮量也为该区段一定范围内每环管片的最大上浮量。因此，将计算所得最大上浮量与计算区段范围内每环管片最大上浮量的实测值进行对比。图 5.4-9 为管片竖向变形云图（轴截面），计算所得的最大上浮量以及上浮变形规律都与实际情况吻合，说明本节所采用的数值模型对管片上浮计算的准确性。

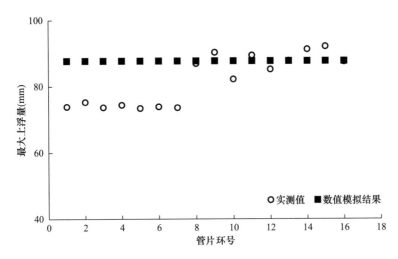

图 5.4-8　管片最大上浮量实测值与计算值对比

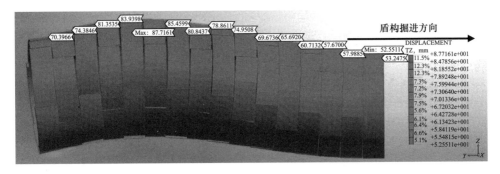

图 5.4-9　管片竖向变形云图（轴截面）

（1）管片上浮量

本节计算得到的每环管片的上浮量（数值模拟结果）如表 5.4-3 所示，管片上浮量随环号的变化图如图 5.4-10 所示。从图 5.4-10 可以看出，在靠近盾尾位置，尽管管片受到的上浮力最大，但由于受到盾尾的约束，上浮量反而不大，而管片上浮量最大位置出现在第 12 环管片左右。由于本节模型中不同位置的管片环也分别代表了某一环管片在施工期不同时间的状态，所以图 5.4-10 也代表了某一环管片上浮量随时间的变化情况，从图 5.4-10 可以看出，在初期，上浮变形量较小而随着时间的增长，变形最终会趋于稳定。

每环管片的上浮量（数值模拟结果）　　　表 5.4-3

环号	上浮量（mm）
1	53.24
2	52.55
3	57.99
4	57.67
5	60.71
6	65.69
7	69.67
8	74.95
9	78.86
10	80.84
11	85.46
12	87.72
13	83.94
14	81.35
15	74.38
16	70.40

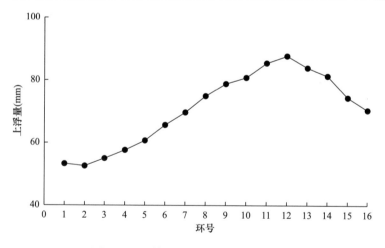

图 5.4-10　管片上浮量随环号的变化图

（2）管片竖向环间错台

图 5.4-11 为管片环间错台量随管片环号变化图。图 5.4-12 为施工过程中螺栓连接处管片开裂情况。

从图 5.4-11 可以看出，最大错台量出现在拼装后的第 8 环（5.28mm）、第 15 环（6.97mm）管片上，且最大错台量超过了相邻管片的径向错台允许偏差±5mm,这表明,螺栓与螺栓孔之间已存在挤压。螺栓与螺栓孔之间挤压作用将造成管片接缝应力集中与局部破损。这也与施工中管片环缝破损频繁的现象吻合。

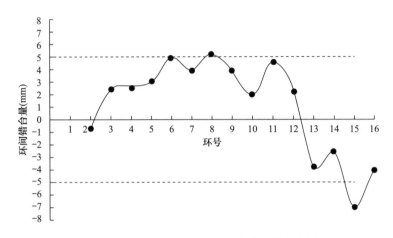

图 5.4-11　管片环间错台量随管片环号变化图

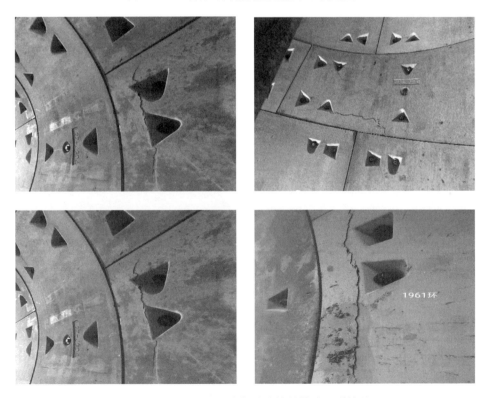

图 5.4-12　施工过程中螺栓连接处管片开裂情况

（3）管片环缝张开

表 5.4-4 为管片环缝张开量（数值模拟结果）统计。图 5.4-13 为管片环缝张开量随环号分布图。图 5.4-14 为施工过程中管片环缝之间渗漏水情况。

管片环缝张开量（数值模拟结果）统计　　　表 5.4-4

环号	管片环缝张开量（mm）
1~2 环	1.0
2~3 环	0.9
3~4 环	0.7
4~5 环	0.6
5~6 环	0.9
6~7 环	1.4
7~8 环	1.3
8~9 环	1.4
9~10 环	1.7
10~11 环	2.1
11~12 环	1.9
12~13 环	1.8
13~14 环	1.7
14~15 环	2.1
15~16 环	0.8

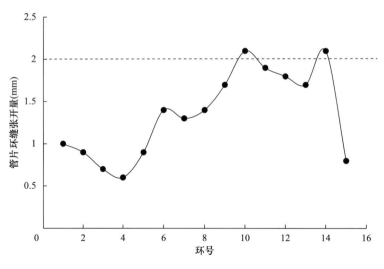

图 5.4-13　管片环缝张开量随环号分布图

根据数值模拟计算，管片环缝最大张开量为 2.1mm，而工程实践中，环接头所容许的张开量为 2.0mm，说明此时管片环缝防水已不能满足要求。管片环接缝张开量最大位置在第 10 环、第 14 环处。实际施工时也多次遇到管片之间出现渗漏水。

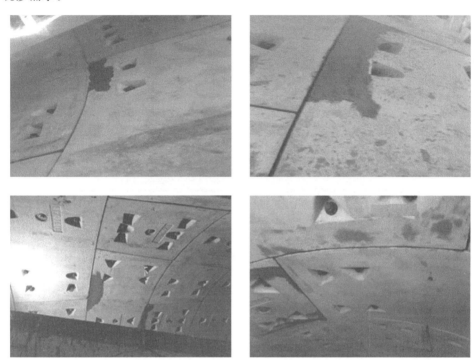

图 5.4-14　施工过程中管片环缝之间渗漏水情况

（4）盾构管片水平向位移

盾构按照小曲率半径掘进线路向前掘进时，其每环管片不仅在竖直方向上产生位移，水平方向也会产生位移，这一点就不同于按照直线掘进的施工工况（管片以竖直方向上浮为主）。

图 5.4-15 为管片水平变形云图（侧向），表 5.4-5 为每环管片的水平位移（数值模拟结果），图 5.4-16 为每环管片的水平位移图。根据计算结果得到盾构管片水平位移最大值出现在第 13 环左右（−7.96mm）。

（5）盾构管片断面收敛变形

通过数值模拟计算得到管片收敛变形最大出现在第 13 环左右，收敛值为 11.5mm，盾构管片收敛变形模型如图 5.4-17 所示、盾构每环管片收敛变形图如图 5.4-18 所示。

（6）盾构管片及钢筋受力

1）数值模拟试验采用直径为 32mm 的钢筋，根据计算结果，得到钢筋应力云图（钢筋直径 32mm），如图 5.4-19 所示。从图中可知，管片钢筋整体受力均匀，无明显应力集中区域，受力状态良好。进一步提取管片钢筋变形最大环数，计算得到管片应力云图（钢筋直径 32mm），如图 5.4-20 所示，如图可知，盾构管片顶部混凝土应力值较大，最大拉应力接近混凝土抗拉强度设计值（1.57MPa）。连接螺栓应力云图（钢筋直径 32mm）如图 5.4-21 所示，其应力最大值发生在第 14 环管片上，钢筋及螺栓均未达到屈服强度。

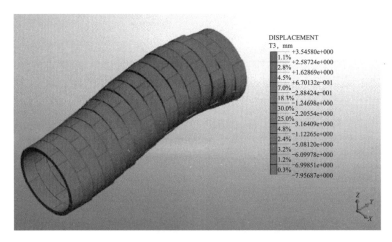

图 5.4-15　管片水平变形云图（侧向）

每环管片的水平位移（数值模拟结果）　　　　　　　　　表 5.4-5

环号	水平变形（mm）
1	2.13
2	1.83
3	1.49
4	0.54
5	0.37
6	−0.89
7	−2.35
8	−3.03
9	−4.37
10	−4.79
11	−6.44
12	−6.74
13	−7.96
14	−5.34
15	−2.68
16	−2.41

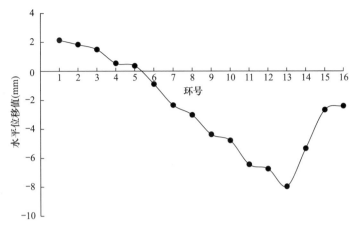

图 5.4-16　每环管片的水平位移图

图 5.4-17　盾构管片收敛变形模型

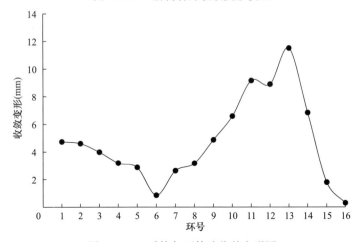

图 5.4-18　盾构每环管片收敛变形图

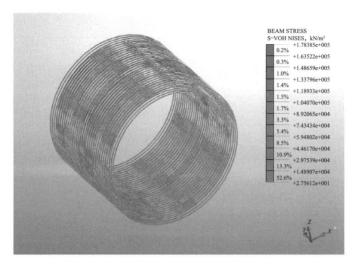

图 5.4-19　钢筋应力云图（钢筋直径 32mm）

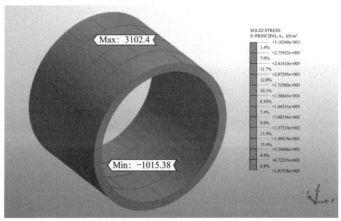

图 5.4-20　管片应力云图（钢筋直径 32mm）

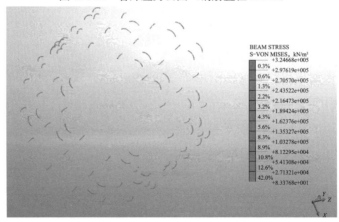

图 5.4-21　连接螺栓应力云图（钢筋直径 32mm）

2）为了优化管片结构的受力特性，提高盾构隧道的整体服役性能，本部分内容从改变盾构管片内钢筋直径的角度出发，优化管片结构。设定盾构管片内的钢筋直径为 36mm，通过模拟计算，得到钢筋应力云图（钢筋直径 36mm）、管片应力云图（钢筋直径 36mm）、连接螺栓应力云图（钢筋直径 36mm），如图 5.4-22～图5.4-24 所示。从计算结果可知：改变钢筋直径后，混凝土最大拉应力减小，管片顶部混凝土应力值明显减小，钢筋及螺栓未达到屈服强度。据此结果可建议在小曲线半径段盾构施工时，所选用的盾构管片内的钢筋直径可适当放大以提高工程适用性。

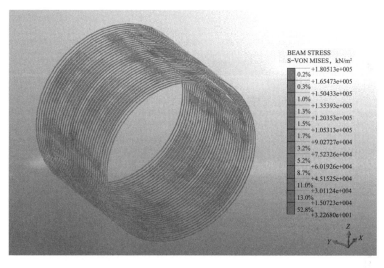

图 5.4-22　钢筋应力云图（钢筋直径 36mm）

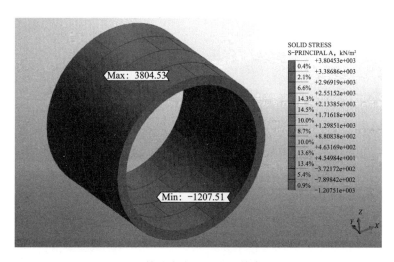

图 5.4-23　管片应力云图（钢筋直径 36mm）

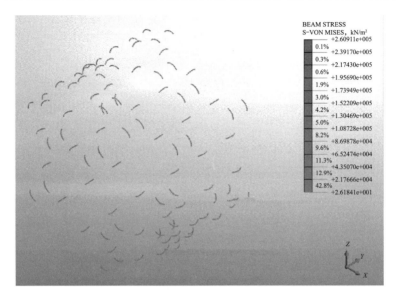

图 5.4-24　连接螺栓应力云图（钢筋直径 36mm）

5.4.3　不同千斤顶推力对管片位移及受力的影响

基准工况设定的盾构机推力为 10000kN，据此设定对照组，另选取两种盾构机推力值：12000kN 与 14000kN。

1. 上浮量对比

图 5.4-25～图 5.4-27 为管片在不同顶推力下竖向变形云图。

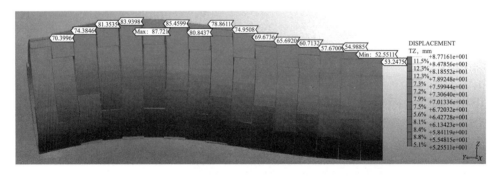

图 5.4-25　10000kN 工况下管片竖向变形云图

由图 5.4-25～图 5.4-27 可知千斤顶推力为 10000kN 情况下，盾构管片最大上浮量为 87.72mm，位于第 12 环；千斤顶推力为 12000kN 情况下，盾构管片最大上浮量为 87.93mm，相对千斤顶推力为 10000kN 的工况增加了 0.24%；千斤顶推力为 14000kN 情况下，盾构管片最大上浮量为 88.39mm，位于第 13 环，相对千斤顶推力为 10000kN 的工况增加了 0.76%，相对千斤顶推力为 12000kN 的工况增加了 0.52%。

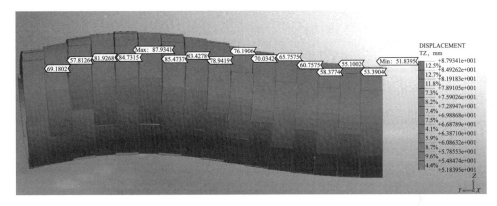

图 5.4-26　12000kN 工况下管片竖向变形云图

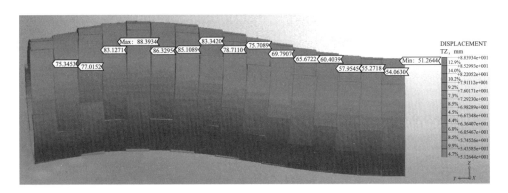

图 5.4-27　14000kN 工况下管片竖向变形云图

表 5.4-6 为每环管片的上浮量对比表（数值模拟结果），图 5.4-28 为管片上浮量随环号的变化图。从图 5.4-28 可以发现，管片的上浮量随环号先增大后减小，随着盾构机千斤顶推力的增大，管片的最大上浮量也会增大，并且最大上浮量的位置有向后移动的趋势。总体上，千斤顶的推力增大对管片上浮量影响不大。

每环管片的上浮量对比表（数值模拟结果）　　　　　　　表 5.4-6

环号	上浮量（mm）（12000kN）	上浮量（mm）（14000kN）	上浮量（mm）（10000kN）
1	51.84	51.26	53.24
2	53.39	54.06	52.55
3	55.10	55.27	54.99

续表

环号	上浮量（mm） （12000kN）	上浮量（mm） （14000kN）	上浮量（mm） （10000kN）
4	58.38	57.95	57.67
5	60.76	60.40	60.71
6	65.26	65.67	65.69
7	70.03	69.79	69.67
8	76.19	75.71	74.95
9	78.94	78.71	78.86
10	83.43	83.34	80.84
11	85.47	85.10	85.46
12	87.93	86.33	87.72
13	84.73	88.39	83.94
14	81.92	83.13	81.35
15	75.81	77.01	74.38
16	69.18	75.34	70.40

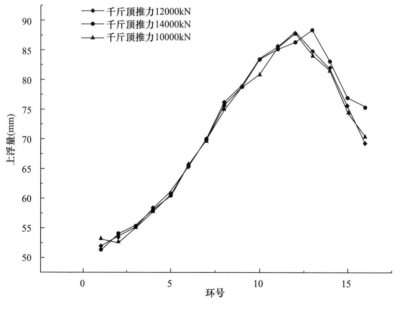

图 5.4-28　管片上浮量随环号的变化图

2. 管片环缝张开量对比

表 5.4-7 为各管片环缝张开量随千斤顶的变化数值模拟计算结果。从表 5.4-7 可以发现，随着千斤顶推力的增加，各环间缝隙变小，主要原因是千斤顶的推力增加，推力对管片的挤压作用有利于管片之间张开量的回缩，尤其在小半径曲线

掘进过程中，管片本身有一定的弯曲，此时随着千斤顶推力的增大，同样限制了管片整体弯曲的趋势，因此，缓解了管片环缝的张开程度。

各管片环缝张开量随千斤顶的变化数值模拟计算结果　　　表 5.4-7

环号	管片环缝张开量（mm） （12000kN）	管片环缝张开量（mm） （14000kN）	管片环缝张开量（mm） （10000kN）
1～2 环	0.2	0.4	1.0
2～3 环	0.3	0.3	0.9
3～4 环	0.6	0.3	0.7
4～5 环	0.3	0.2	0.6
5～6 环	0.8	0.2	0.9
6～7 环	0.8	0.2	1.4
7～8 环	1.1	0.8	1.3
8～9 环	1.0	1.1	1.4
9～10 环	1.4	0.8	1.7
10～11 环	1.3	1.1	2.1
11～12 环	1.4	1.0	1.9
12～13 环	1.4	1.1	1.8
13～14 环	1.7	1.2	1.7
14～15 环	1.8	1.3	2.1
15～16 环	0.8	0.8	0.8

3. 管片错台量对比

图 5.4-29 为管片环间错台量随管片环号变化图。从图 5.4-29 可以发现，随着盾构机千斤顶推力的增大，管片的最大错台量减小，并且距盾尾 8 环内错台量由正向负突变的位置有向前移动的趋势。总体上，千斤顶的推力增大对错台量影响不大。

对比结论：盾构机在小曲率半径工况下施工时，由于顶推力的偏心作用，顶推力对上浮量影响较小，对管片之间张开量影响较大，由于顶推力的挤压作用，有利于管片之间张开量的回缩。

5.4.4　不同注浆压力对管片位移及受力的影响

模型 X 方向长 35m，Y 方向长 66.75m，Z 方向长 40.8m，模型示意图如图 5.4-30 所示、管片模型示意图如图 5.4-31 所示。模型上表面不加约束，侧面施加与该面垂直方向约束，底部边界为固定约束。土层参数、螺栓参数、管片参数及钢筋参数同 5.4.2 节，此处不再详细描述。

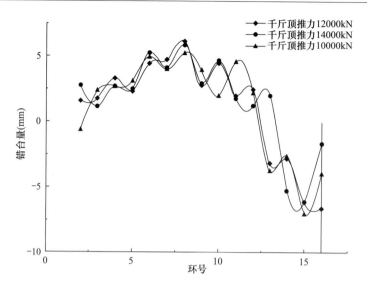

图 5.4-29 管片环间错台量随管片环号变化图

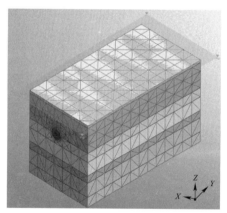

图 5.4-30 模型示意图   图 5.4-31 管片模型示意图

开挖面支护压力会对前方土体稳定造成影响，在施工中，需保持与前方地层水土压力之和平衡，开挖面支护压力一般取静止土压力，建立数值模型时，将其模拟为作用在开挖面上的均布荷载，取值为 $250kN/m^2$。不同工况下的注浆压力见表 5.4-8。千斤顶推力为 $500kN/m^2$。

不同工况下的注浆压力   表 5.4-8

工况	注浆压力（MPa）					
	第 4 环	第 5 环	第 6 环	第 7 环	第 8 环	第 9 环
工况一	0.1	0.2	0.3	0.4	0.5	0.6
工况二	0.125	0.25	0.375	0.5	0.625	0.75
工况三	0.15	0.3	0.45	0.6	0.75	0.9

1. 管片上浮量对比

图 5.4-32～图 5.4-34 为管片在不同注浆压力工况下管片竖向变形云图。

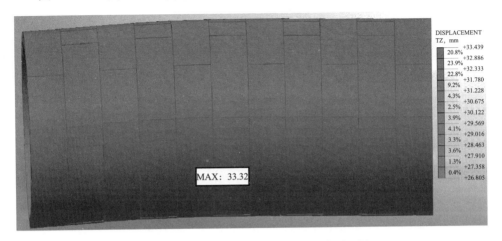

图 5.4-32　0.6MPa 工况下管片竖向变形云图

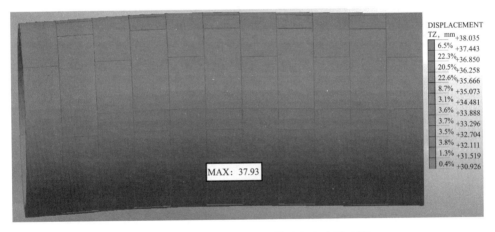

图 5.4-33　0.75MPa 工况下管片竖向变形云图

由图 5.4-32～图 5.4-33 可知，注浆压力为 0.6MPa 的情况下，盾构管片最大上浮量为 33.32mm；注浆压力为 0.75MPa 情况下，盾构管片最大上浮量为 37.93mm，相对注浆压力为 0.6MPa 的工况最大上浮量增加了 13.84%；注浆压力为 0.9MPa 情况下，盾构管片最大上浮量为 48.36mm，相对注浆压力为 0.6MPa 的工况最大上浮量增加了 45.14%，相对注浆压力为 0.75MPa 的工况增加了 27.50%。

表 5.4-9 为每环管片的上浮量对比（数值模拟结果），图 5.4-35 为管片上浮量随环号的变化图。从图 5.4-35 可以发现，不同注浆压力作用下，管片总体上浮趋势相同，最大值出现在第 6 环，随着注浆压力的增大，管片的上浮量也会增

大，对管片的上浮影响变大。总体上，注浆压力增大对管片上浮控制不利，应注意控制注浆压力。

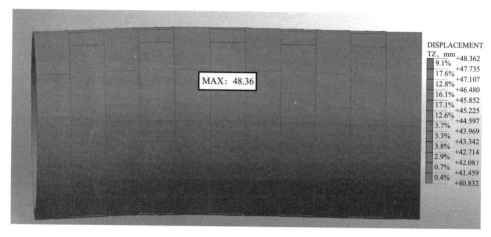

图 5.4-34　0.9MPa 工况下管片竖向变形云图

每环管片的上浮量对比（数值模拟结果）　　　　　　　　　表 5.4-9

环号	上浮量（mm）(0.75MPa)	上浮量（mm）(0.9MPa)	上浮量（mm）(0.6MPa)
1	35.87	45.71	32.54
2	36.04	45.97	32.65
3	36.39	46.49	32.88
4	36.80	47.09	33.12
5	37.07	47.56	33.22
6	37.93	48.36	33.32
7	36.81	47.56	32.68
8	35.99	46.73	31.80
9	34.57	45.20	30.38
10	33.26	43.74	29.07
11	32.09	42.38	27.90

2. 管片环缝张开量对比

表 5.4-10 为管片环缝张开量对比（数值模拟结果），图 5.4-36 为管片张开量随环号的变化图。从图 5.4-36 可以发现，随着注浆压力的增加，各环间缝隙变大。主要原因是随着注浆压力增加，盾构管片的不均匀上浮越严重，隆起部位的拉应力使得管片环缝张开量增加，加剧了管片环缝的张开程度。

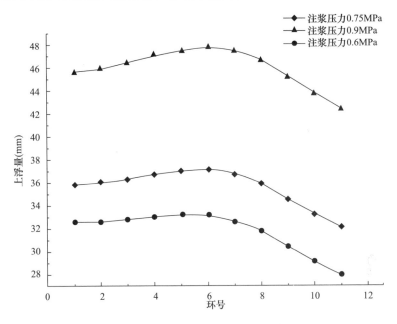

图 5.4-35　管片上浮量随环号的变化图

管片环缝张开量对比（数值模拟结果）　　　　表 5.4-10

环号	张开量（mm）(0.75MPa)	张开量（mm）(0.9MPa)	张开量（mm）(0.6MPa)
1～2 环	0.03	0	0.04
2～3 环	0.07	0.06	0.07
3～4 环	0.10	0.11	0.10
4～5 环	0.14	0.15	0.12
5～6 环	0.15	0.18	0.13
6～7 环	0.16	0.19	0.14
7～8 环	0.19	0.21	0.16
8～9 环	0.19	0.22	0.17
9～10 环	0.14	0.16	0.13
10～11 环	0.09	0.10	0.08

3. 管片错台量对比

图 5.4-37 为管片错台量随管片环号的变化图。从图 5.4-37 可以发现，管片错台量绝对值最大值出现在第 8 环，随着注浆压力的增大，管片的最大错台量也会增大。总体上，注浆压力增大对错台量控制不利，应注意尽量降低注浆压力。

99

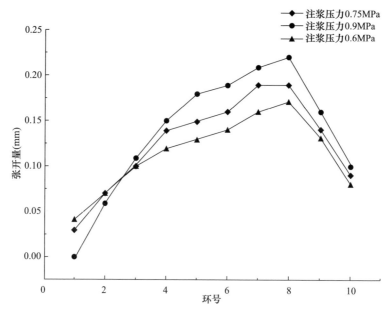

图 5.4-36　管片张开量随环号的变化图

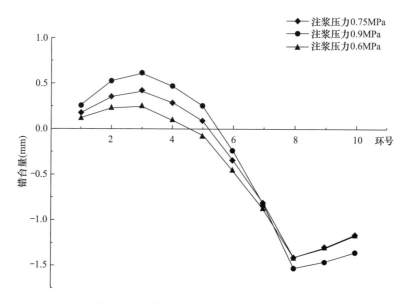

图 5.4-37　管片错台量随管片环号的变化图

4. 盾构管片断面收敛变形

图 5.4-38 为盾构管片径向收敛随环号的变化图。从图 5.4-38 可以发现，不同注浆压力作用下，管片总体上浮趋势相同，最大值出现在第 8 环，随着注浆压力的增大，管片的断面收敛变形先增大后减小。总体上，注浆压力增大对管片上

浮控制不利，应注意控制注浆压力值在合理范围内。

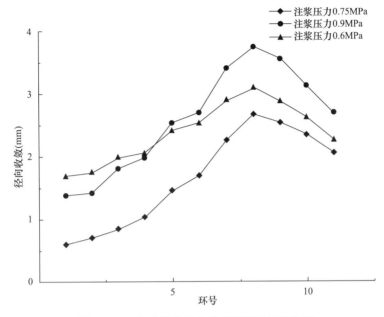

图 5.4-38　盾构管片径向收敛随环号的变化图

5. 盾构管片受力

图 5.4-39～图 5.4-41 为不同注浆压力工况下管片应力云图。从图 5.4-39～图 5.4-41 可知，注浆压力为 0.75MPa 时，所有管片的应力最大值为 4204.63kN/m²，相比注浆压力为 0.6MPa 工况下应力增大了 18.98%；注浆压力为 0.9MPa 时，所有管片的应力最大值为 5573.62kN/m²，相比注浆压力为 0.6MPa 工况下应力增大了 57.72%。可见随着注浆压力的增大，管片的应力也会增大，对管片的应力影响变大。

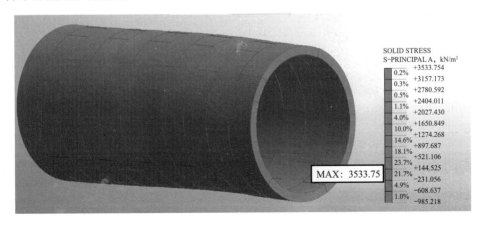

图 5.4-39　0.6MPa 工况下管片应力云图

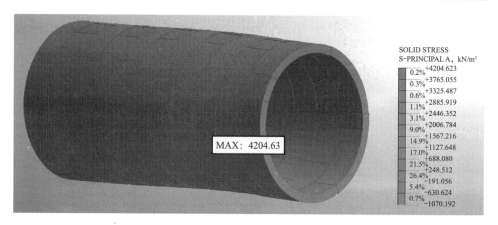

图 5.4-40　0.75MPa工况下管片应力云图

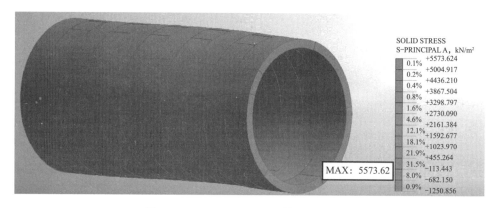

图 5.4-41　0.9MPa工况下管片应力云图

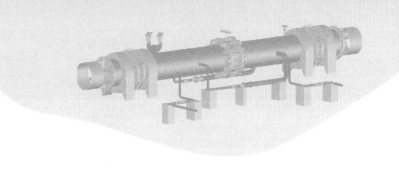

第6章

盾构隧道内长大输水管道
安装施工技术研究

6.1 工程概况

6.1.1 项目概况

大毛坞~仁和大道供水管道工程上接九溪线、城北线共用段输水隧道，通过管道输水至杭州祥符水厂和余杭仁和水厂。线路全长为 20.2km，分为 7 段，设置 8 个盾构工作井，平均间距约为 3.0km。盾构隧道开挖直径为 6.2m，衬后内径为 5.5m，盾构隧道内设置一根 $DN3496$ 管道作为供水管道。

大毛坞~仁和大道供水管道工程Ⅲ标段项目的施工范围包括 3 个盾构工作井（G1、G2、G3 盾构工作井）及 2 个盾构区间（G1~G2 盾构区间、G2~G3 盾构区间）。G1 盾构工作井结构尺寸为（长×宽×深）32.1m×16.1m×31.7m，基坑挖深为 31.7m，采用明挖顺作法施工。G2 盾构工作井结构尺寸为（长×宽×深）50m×15m×33m，基坑挖深为 33.2m，采用明挖顺作法（下部框架逆作法）施工。G3 盾构工作井为转折井，结构平面尺寸为 72m×15m，基坑挖深为 18.4m（28.2m），采用明挖顺作法施工。G1~G2 盾构区间起讫里程为：K0+049.000~K2+168.067，盾构区间全长 2119.067m。区间最小平曲线半径为 300m，最大纵坡为 2.5%，覆土厚度为 10.6~26.9m。盾构机由 G2 盾构工作井始发，掘进至 G1 盾构工作井拆解、吊出。G2~G3 盾构区间起讫里程为：K2+201.747~K5+507.108，盾构区间长 3305.361m。盾构区间最小平曲线半径为 400m，最大纵坡为 1.771%，覆土厚度为 10.4~23.8m。盾构机自 G3 盾构工作井向 G2 盾构工作井掘进。

6.1.2 管道施工概况

G2~G3 盾构区间总长 3305.361m，区间隧道衬后内径为 5.5m，内敷设管径为 $DN3436$ 的钢管，外径为 3496mm，壁厚为 30mm。钢管加工采用场外加工方式，钢管加工完成后运输至施工场地。区间隧道贯通完成后，G2～G3盾构区间钢管安装从隧道中部分别向两端盾构工作井倒退安装。G1～G2盾构区间从G1盾构工作井向G2盾构工作井单向作业。钢管安装主要包括井口吊装、隧道运输、钢管对接、焊接、内防腐、SBS防水隔离层、钢筋混凝土、排水等综合性工程。内防腐采用白色水泥砂浆，干膜厚度为18000μm；外防腐采用静压喷涂环氧粉末，厚度为400μm；底部隔离层采用自粘式SBS垫层（4mm×3），厚度12mm，作用是防止固定管道基础混凝土与隧道管片混凝土相互碰撞。G2～G3盾构区间共分成2个工作面，大毛坞～仁和大道供水管道工程目标施工范围如图6.1-1所示。

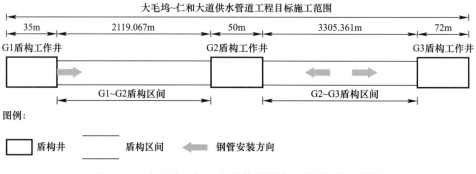

图6.1-1 大毛坞～仁和大道供水管道工程目标施工范围

6.1.3 管道施工重难点

1. 大口径、长距离钢管吊装难度大

在本工程中，单节钢管长12m，单节重量为30.6t，吊装孔尺寸为13.5mm×7.5mm，大尺寸钢管的起重吊装工作是钢管安装施工的重点。

2. 长距离狭小空间钢管运输风险高

G2～G3盾构区间长度约3305m，距隧道初始安装位置约1652.5m，钢管运输采用自制的运输平板车，无经验可循。钢管在隧道中安全运输是本工程的重点，经过试安装收集运输参数、改进完善运输板车性能是本工程按节点完成工期的重点。

3. 狭小空间钢管对接难度大

钢管安装经过自制的安装驼车完成，确保钢管对口顺利，完成钢管对口工作是本工程按节点完成工期的重难点。

4. 长非开挖供水管线工程混凝土泵送难度大

钢管施工过程中远距离混凝土浇筑工作是本工程的难点，合理布置施工段，选择合理有效的浇筑工具，确保每段混凝土浇筑顺利。

5. 做好隧道通风工作是重点

钢管施工过程中包括焊接作业、防腐作业等可能产生有害气体的工序，做好隧道通风工作，选择合适的通风设备、合理布置通风设备是本工程的重难点。

6.2　管道施工关键技术及控制要点

6.2.1　管道施工内外场地布置

1．隧道外场地布置

根据盾构工作井现场平面图，合理确定材料堆放位置，合理确定压力钢管运输至现场的堆放位置。钢管的堆放位置应尽可能选取离龙门吊较近的位置，方便钢管吊装入井内，减少二次搬运的费用。由于木工程国庆期间也要施工，受国庆期间外运的影响，在现场堆放不少于一周施工所需的钢管，一个工作面每天安装 2 根钢管，现场堆放量需达到 14～16 根成品钢管。G2 盾构工作井同时存在两个工作面，堆放数量较大。同时设置工具房、防水库房、材料房及钢轨轨枕堆放场地。G3、G2 盾构工作井场地布置如图 6.2-1、图 6.2-2 所示。

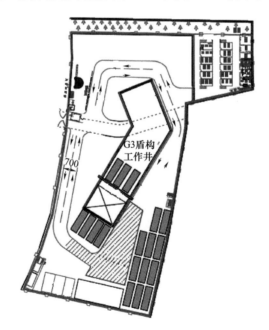

图 6.2-1　G3 盾构工作井场地布置

2．隧道内施工布置

（1）隧道内沿用盾构施工钢轨，轨道的轨中矩为 970mm，隧道贯通后进行校正，调整轨道中心线及标高，隧道贯通后拆除洞口及隧道内道岔，并重新敷设。

（2）隧道内工作面清理的污水沿用隧道排水管，养护用水沿用隧道给水管。

105

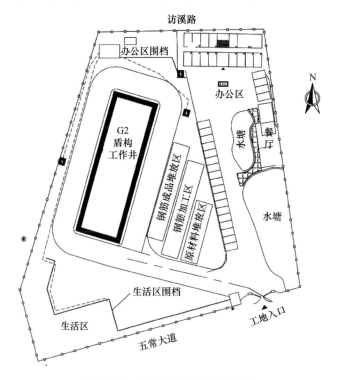

图 6.2-2　G2 盾构工作井场地布置

（3）隧道照明沿用盾构原 36V 照明线。

（4）贯通前进行马道更换，拆除原 90cm 宽的马道，更换为 70cm，用于洞内进出作业行走。

（5）贯通前由 G3 盾构工作井向下敷设电缆直至 G2 盾构工作井，盾构机吊出后，在起始工作面断开电缆，分别接到 G3、G2 盾构工作井内的两个配电柜上，两条线分别供应区间隧道内两个工作面的用电。具体布置图如图 6.2-3～图 6.2-8 所示。

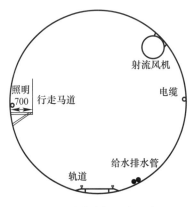

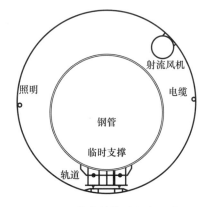

图 6.2-3　隧道内标准断面布置图　　　　图 6.2-4　运输车转换阶段断面布置图

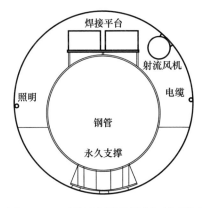

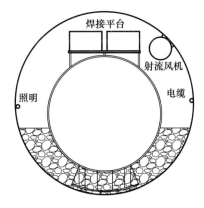

图 6.2-5　对接及焊接阶段断面布置图　　图 6.2-6　混凝土浇筑阶段断面布置图

6.2.2　巨型管节钢托截面设计与应用

1. 水平运输设备设计

水平运输采用两个自制平板车，电瓶车作为牵引车头，平板车中心轴可以实现小曲线转弯，自带刹车系统，加宽轮缘防止掉道，上部设置马鞍座及千斤顶，可使台车与马鞍座同步顶升，实现转接功能。

2. 安装设备设计

（1）自制安装台车

1）根据隧道尺寸和钢管的尺寸，设计自制安装台车（图 6.2-9）。设计要求：在钢管内能自由行走，能对钢管进行抬升、旋转、前后左右移动以完成钢管对口工艺。

2）钢管对口安装：待安装钢管由平板车运至安装工作面，由自制安装台车将钢管抬升，以便安装。

（2）安装台车组成

1）台车主梁：台车主梁的作用是连接台车前行走机构和后行走机构，同时承受荷载的主要部分，为箱形结构钢梁，并在主梁上安装轨道和驮管小车。

2）行走机构：分为两个部分，前行走机构和后行走机构；

3）前行走机构：包括前安装支腿（升降功能）兼作行走支腿、调节支腿（调整行进方向功能）和辅助提升支腿，行走支腿采用包胶轮，便于在钢管内行走。

4）后行走机构：由四轮行走小车支腿（升降功能）、安装支腿（升降功能）、调节支腿（调整行进方向功能）和辅助提升支腿组成；安装台车在钢管内行走的动力来源于四轮行走小车，安装过程中主要受力由前后两个安装支腿承担。

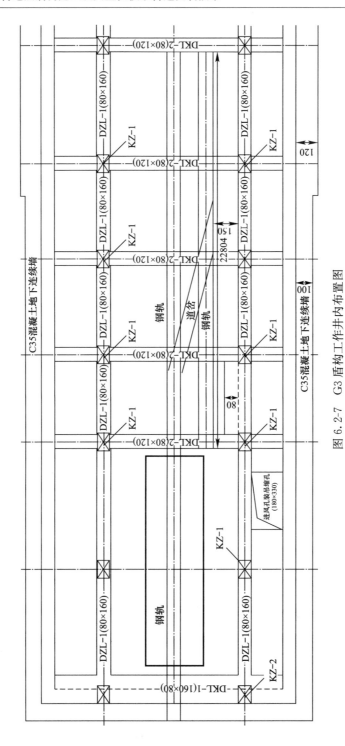

图 6.2-7 G3 盾构工作井内布置图

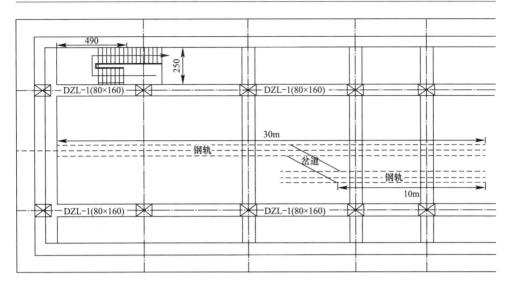

图 6.2-8　G2 盾构工作井内平面布置图

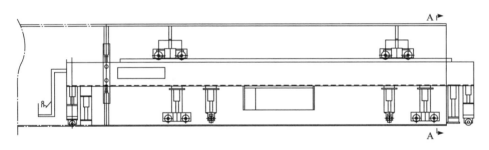

图 6.2-9　自制安装台车

5）安装支腿：包括前安装支腿和后安装支腿，都带有升降功能和安装底座。

6）驮管小车：驮管小车由 2 个轨道车轮组成，驮管小车带有升降装置和旋转平台，旋转平台带有旋转包胶轮装置，驮管小车可以在台车主梁上前后运动，同时能上下调整及旋转钢管，保证钢管对接精度。驮管小车的前后运动由变频电机完成。

安装台车总承载重量为 15t，载荷为两个支点承载。驮管小车运行电机为 YSE90L-4/1.5kW 变频软启动电机，每台小车安装两台运行电机。运行速度为 0.5～5m/min，速度变频可调。

7）径向对口装置：在台车主梁上安装径向对口装置，可调整钢管椭圆度及错边量，待全部调整完毕，即可进行对口的组焊和钢管固定支架的安装。

3. 永久管托设计

设计钢管长度为 12m/节，每节钢管设置 1 个永久管托，2 个临时管托，其中永久管托采用钢板焊接制作，材质为 Q345B 的钢板，管托上下面板材质厚度为 20mm，上长为 1580mm，下长为 2089mm，截面宽度为 200mm。上下弧板之间设置 4 道 16mm 厚的加劲肋板。永久管托设计图如图 6.2-10 所示。

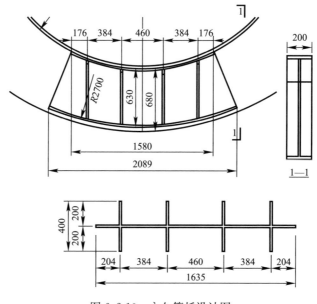

图 6.2-10　永久管托设计图

4. 临时管托设计

为了减小临时管托的重量，故设计为上下两部分结构，采用螺栓连接，便于

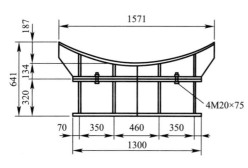

图 6.2-11　临时管托设计图

施工。管托上部分设置为弧面用来支托钢管，下部分为平面放置到钢轨的钢板上。临时管托上部高 134mm，下部高 320mm，宽度为 1300mm，截面宽度为 200mm，临时管托设计图如图 6.2-11 所示。

5. 施工工况说明

第一节钢管采用水平运输车进行运输，到达位置后，通过运输车上的千斤顶系统顶升钢管，然后安装临时管托，安装位置在管节的 1m 及 11m 处，安装完成后千斤顶缩回，钢管放置到临时管托上。此时受力一为：两个临时管托承受钢管全部重量。

用水平运输车将钢管安装台车运输到安装地点，通过安装台车的液压支腿倒换，使安装台车穿越钢管，两端放置到管片上着力，通过支腿千斤顶系统将钢管顶起，进行精确定位，并安装两个永久管托。此时受力二为：两个临时管托承受钢管及安装台车的全部重量。受力三为：两个永久管托承受钢管全部重量。

第二节钢管采用运输车运输至安装位置附近，采用两个临时管托进行运输车的转接，转接后运输车撤离。然后安装台车穿越钢管，一端伸出钢管，一端留在上一节钢管内（与上一节永久管托同轴）。钢管安装台车一端支腿顶升的同时，钢管内部的支腿同步顶升，进行精确定位对接，同时安装永久管托并撤掉临时管托。此时受力四为：行车至钢管中部时，上一节焊口、上一节永久管托及两个临时管托承受钢管及安装台车的全部重量。受力五为：行车至钢管端部，支腿与永久管托同轴时，永久管托及安装车的另一个支腿承受钢管及安装台车的全部重量。

结合以上工况及受力情况分析：(1)选取受力四的工况来进行相邻两节钢管的焊缝验算。对于非水平方向的对接焊缝，验算其抗拉强度、抗压强度、抗剪强度以确定焊缝的焊接长度。(2)选取受力五的工况来进行永久管托的抗压强度、挠度验算，及管托加劲板角焊接焊缝的受力验算。(3)管托底部为C50混凝土管片，基础承载力可以满足要求，故不需进行计算。

6. 验算书

计算中将管道假设为静定结构，实际施工完毕之后实际模型为多跨超静定连续梁结构，内力数值趋向安全。

(1) 管托正应力验算

1) $L=12m$（每12m设置一组管托），管道自重为30t，施工荷载为15t，自重均布荷载 $q=25000N/m$，施工荷载 $P=195000N$。

管托处支反力为：

$$P_1 = 1/2(P+qL) = 1/2 \times (195000 + 300000) = 247500(N)$$

通过计算得到截面积 $A=50736mm^2$。

弯矩产生的应力最大值：$\sigma_{max} = P_1/A = \dfrac{247500}{50736} \approx 4.9(N/mm^2)$

许用应力：$[\sigma] = 215(N/mm^2)$

满足使用要求。

2) 管托与盾构管片之间垫设4组50mm厚的钢板，钢板平面尺寸为50mm×120mm。设钢板与管托及盾构管片之间的接触率为30%，计算其有效截面面积：

$$A = 50 \times 120 \times 0.3 \times 4 = 7200(mm^2)$$

弯矩产生的应力最大值：$\sigma_{max} = P_1/A = \dfrac{247500}{7200} \approx 34.38(N/mm^2)$

许用应力：$[\sigma] = 215(N/mm^2)$

满足使用要求。

（2）管道安装时所受的跨中应力验算

$L=12$m（每12m设置一组管托），管道自重为30t，施工荷载为15t，自重为均布荷载 $q=25000$N/m。施工荷载为150000N，荷载组合系数为1.3。

管支反力为：

$$P_1 = 1/2(P+qL) = 1/2 \times (1.3 \times 150000 + 300000) = 247500(\text{N})$$

跨中受施工荷载为最不利情况：

$$M_{max} = P_1 \times 1/2L = 247500 \times 6 = 1485000(\text{N} \cdot \text{m})$$

管的截面抗弯系数：

$$W = \pi D^3/32(1-\alpha^4) = 3.14 \times \frac{3496^3}{32} \times (1-0.9828^4) \approx 281100619(\text{mm}^3)$$

$$\alpha = d/D = \frac{3436}{3496} \approx 0.9828$$

式中 d 为管道的内径，m；D 为管道的外径，m。

设弯矩产生的应力最大值为 σ_{max}：

$$\sigma_{max} = M_{max}/W = 1485000 \times \frac{1000}{281100619} \approx 5.3(\text{N/mm}^2)$$

许用应力：$[\sigma] = 215$N/mm²

满足使用要求。

管道安装时钢管段自由，无需验算剪力。

综上所述，每12m设置一个管托满足使用要求。

（3）管道马板剪应力验算

为保证安装速度，管道安装台车在组对安装管道完成后，通过安装马板传递施工荷载和自重产生的剪力，设施工荷载全部位于管道交接处（此时剪力最大，为最不利位置），马板的宽度为95mm，马板厚度为20mm，在管道安装接口处同时设置5块马板，$L=12$m（每12m设置一组管托），管道自重为30t，施工荷载为150000N，自重为均布荷载 $q=25000$N/m。

施工荷载为：

$$P = 150000 \times 1.3 = 195000(\text{N})$$

剪力最大值为：

$$P_{max} = 1/2qL + P = 345000(\text{N})$$

通过计算得到马板截面积：

$$A = 95 \times 20 \times 5 = 9500(\text{mm}^2)$$

$$T_{剪} = P_{max}/A \approx 36(\text{N/mm}^2)$$

式中 $T_{剪}$ 为剪应力，N/mm²；P_{max} 是剪力最大值，N。

许用应力：$[\sigma] = 215$N/mm²

满足使用要求。

结合如上受力分析与验算，临时管托及永久管托在各工况下，能够满足受力要求。

6.2.3 钢管设计优化

1. 研究加劲肋对大件运输的影响

常规的明挖埋管，大直径钢管设计加劲肋，抵消其在运输及安装阶段产生的变形。本工程初步设计钢管外壁设置加劲肋，肋板高度为20cm，壁厚为28mm，间距3m/道，初步设计图如图6.2-12所示。其缺点在于大直径管道运输高度超出4.5m、宽度超过3.7m属于大件运输，其运输线路、安全措施需要提高一个级别，增加了管理难度、安全风险、运输成本。取消加劲肋后采用低平板车运输，总高度为0.8m+3.5m=4.3m，宽度为3.5m，优化后设计图如图6.2-13所示。不属于大件运输，降低了安全风险、管理难度和运输成本。低平板车运输如图6.2-14所示。

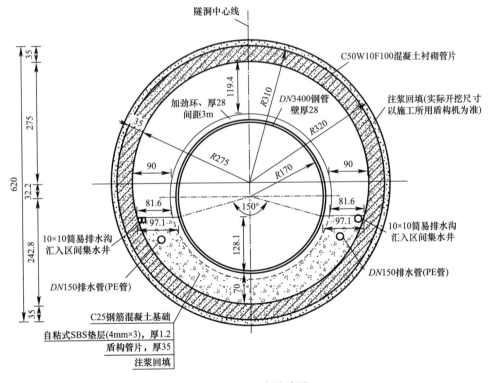

图6.2-12　初步设计图

2. 研究加劲肋钢板下料损耗

下料阶段钢材的整板下料切割损耗量大，此部分损耗不可避免，整板尺寸

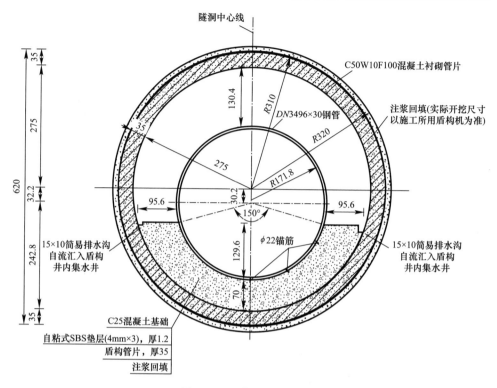

图 6.2-13　优化后设计图

图 6.2-14　低平板车运输

为 28mm×3000mm×10920mm，经过模拟排布及核算统计可知一块钢板的可利用率为 71.8%，区间隧道环形加劲肋的钢材总计损耗 424t，约 195.46 万元。同时，异形钢板的加工费用约为 4100 元/t，正常钢管的加工费用约为 1200 元/t，取消后可以节约成本 123 万元。下料示意图如图 6.2-15 所示。

3. 研究加劲肋对钢管外防腐施工的影响

设计要求采用热熔环氧粉末进行热熔外防腐，外防腐生产线图如图 6.2-16 所示。目前国内生产线均为滚轴传送式生产线，需要钢管是圆筒状才能进行旋转传送，如果是焊接加劲肋，那么国内的防腐生产线无法进行滚轴传送，如果采用现场焊接，那么每 3m 一道加劲肋的焊接部位不能喷涂外防腐。如果在隧道内再次进行打磨、除锈、喷涂等工序，采用冷涂法人工涂刷热熔环氧涂料，一是投入大量的人工处理工序，二是有限空间内喷涂作业有较大的安全隐患，三是受到隧道内环境影响，其施工质量不易保证，四是交叉作业对施工影响很大，施工组织难度增加。

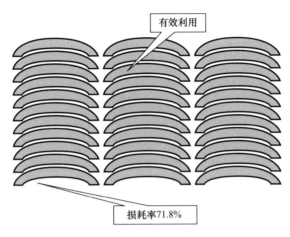

图 6.2-15　下料示意图

4. 研究加劲肋与混凝土基础结构受力关系

常规的小管径或短距离钢管加劲环的主要作用是钢管受到水流冲击，加劲环与下部基础混凝土结合，产生握裹力，可以承担止推作用。本项目混凝土回填基础主要起的是填充作用并提供支撑反力。钢管受到热胀冷缩作用下产生的变形和混凝土产生的变形不能同步，在使用时间长了之后，填充的混凝土会产生破碎，加劲环的止推作用不适用。

图 6.2-16　外防腐生产线图

本着高效便捷、节约成本、便于设备选择及研发的原则，优化钢管设计方案。优化后钢管取消掉 3m 每道的加劲肋，管道壁厚由 28mm 增加至 30mm，以抵消钢管自重引起的椭变。管道外径由 3400mm 增加至 3496mm，在保证钢管不变形的情况下增加过水截面，优化后钢管输水量每小时增加 2 万 m³，同时为钢管外防腐喷涂、运输钢管及安装钢管设备的选择奠定了基础。

6.2.4　管节运输及高精度对接技术与设备

1. 施工工序

根据施工总体安排，盾构区间内置钢管在盾构区间施工完工后进行。为了加快施工进度，盾构施工轨道不进行拆除，G2～G3盾构区间管道分别由G2盾构工作井与G3盾构工作井向区间隧道中点运输，由内向外安装，钢管吊装如图6.2-17所示。G1～G2盾构区间同此。最后于G2盾构工作井处进行合拢。两盾构区间钢管施工方法相同，以下以G1～G2盾构区间为例介绍隧道内钢管的施工工序，G2～G3盾构区间不做赘述。

图6.2-17　钢管吊装

内置钢管施工工艺流程：加工→运输至场地加工区→加工区焊接成12m/节→龙门吊起吊至洞口轨道上→台车运输至洞内→点焊牢固、施做支墩→双面焊接、涂刷内外防腐涂层、焊接加劲筋→基础混凝土浇筑→管道试压→下一节施工。

2. 施工方法

（1）钢管排布、下料与标识

1）钢管排布按实际盾构掘进完成的线路轴线进行，钢管排布轴线与实际盾构机轴线设计偏差为±8cm，由于盾构区间存在平面曲线及竖曲线，为了减小钢管加工及对接的难度，钢管单节为直线管，每一道管口为斜口，每一道斜口的对接角度不同。

2）排布采用河海大学自主研发的专用软件，采集盾构区间贯通后的实际管片，限定轴线允许偏差后，模拟线路，推算每一节钢管两端中轴线平面坐标及竖向高程，同时计算钢管的起点转角、终点转角、起点切角、终点切角、起点楔形量、终点楔形量和中轴线长。

3）因为钢管每一节均设置楔口，并且均不一样。所以钢板放样均为弧形手绘，采用人工放样下料，手绘工效十分缓慢，并且精度很难达到要求，切割钢板的工作量也非常大，同时单节的误差会导致后续钢管安装时累计误差的叠加，最终使钢管对接不上。在下料阶段，采用全数控机床进行数控切割，将排布数据输入数控机床终端，即可自动完成下料工作，数控下料如图6.2-18所示。

数控机床　　　　　　　　　　　　　　　　数控切割

图 6.2-18　数控下料

4）为了保证每根钢管安装到其指定的位置，对钢管用油漆标识，标注水流方向、管道编号、起切点，对 0°、90°、180°、270°位置打设 3 个样冲眼进行现场对接，钢管标识示意图如图 6.2-19 所示，钢管起切点和终切点示意图如图 6.2-20 所示，钢管标识实景图如图 6.2-21 所示。

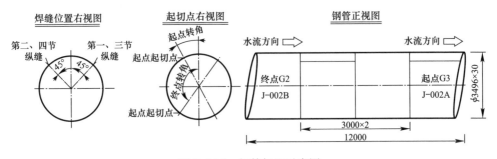

图 6.2-19　钢管标识示意图

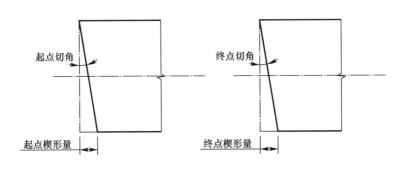

起点切角示意图　　　　　　　　　　　终点切角示意图

图 6.2-20　钢管起切点和终切点示意图

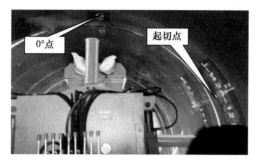

图 6.2-21 钢管标识实景图

因每一节钢管的尺寸都不一样，楔口也不一样，所以钢管在现场安装的时候存在方向问题，需标注水流方向。现场对接前后两节钢管时，因为起切点是最突出点，对接距离最近，所以安装定位时主要校正前后两节的起切点，起切点位置校正后，通过驼车的微调装置进行精调。

（2）钢管加工

1）钢管加工工艺流程如图 6.2-22 所示。

2）允许偏差界定及消除误差方法：

①《水利工程压力钢管制造安装及验收规范》SL 432—2008 第 4.1.16 条规定了关于钢管纵缝、环缝及错边量的要求，纵缝错边量为 $10\%\delta$（δ 为板厚），且不大于 2mm；当 $\delta \leqslant 30$ 时，环缝错边量为 $15\%\delta$，且不大于 3mm；当 $30 < \delta \leqslant 60$ 时，环缝错边量为 $10\%\delta$；当 $\delta > 60$ 时，环缝错边量不大于 6mm；单节钢管长度与设计长度之差不超过 5mm。实际采用 4 节单根 3m 长的钢管拼装为 12m，允许偏差为 $4 \times 5mm = 20mm$，规范中对此没有针对性描述，为了提高加工及安装精度，结合实际加工能够达到的精度，确定每根 12m 钢管的长度偏差为 $\pm 10mm$。

钢板切边(坡口)

卷板压边

卷板

内纵缝焊接

内环缝焊接

外环缝焊接

图 6.2-22 钢管加工工艺流程

内缝焊机	外缝冲枪	冲枪碳棒
外缝点焊定位	外缝打磨冲缝	外环缝焊接打底焊
钢管厂家对接12m	热熔环氧喷涂	坡口保护及定位
钢管存放	钢管运输	阴阳坡口焊

图 6.2-22　钢管加工工艺流程（续）

　　两节钢管对接最不利情况考虑，切角公差为±0.1°。两节钢管对接误差最大角度为 0.2°，钢管对接错位 2.21mm（最高点重合，最低点错位 2.21mm），钢管对接错位量满足钢管焊接对口要求，精度高于规范，焊接可以实现。

　　② 钢管的斜口切角有其固定的空间位置，所以不仅要求在安装时精度要达

到要求，同时加工阶段切角位置的标定也应该规定其误差允许范围，相关规范中并没有针对性的要求，通过模拟演示，切角转角位置公差为±0.5°，弧长允许误差为±15mm，对其错边量影响基本没有变化，可以实现。

③ 斜口钢管的短边周长公差为±5mm（垂直面）；钢管管口平面度不应大于±3mm，钢管外直径为3496mm的管口的角度误差为0.1°；

④ 根据规范《气焊、焊条电弧焊、气体保护焊和高能束焊的推荐坡口》GB/T 985.1—2008中关于坡口形式的选择，大于10mm厚度的钢板，采用双V形坡口，另要求，从工艺角度出发，不带钝边的坡口可以对其根部的底边进行打磨处理，保留一定的钝边量（2mm以内），结合火焰切割工艺能达到的精度，在切割阶段直接切割出钝边，要求钝边≤2mm。

规范要求双V形坡口角度为40°～60°，考虑钢管内外、上下两侧的焊接量，选定钢管的坡口单面角度范围为27.5°±2.5°。

⑤ 规范中分别对周长、圆度和错边量等进行定义，并没有全部换算到一个面上，为了保证长距离有限空间内大直径管道的安装，通过3D建模模拟，将以上最不利条件全部换算到一个面上，以此来预估可能出现的最不利情况和误差累计情况。综上所述，管端的切角累积最大误差为：切角公差＋管口平面度＋直线度偏差＝0.414591°，错边量为4.62827mm。

⑥ 通过模拟演示及理论计算可知钢管加工误差是必然存在的，而且在安装过程中可能出现其他因素导致安装受阻，影响施工质量和进度，因此制定管理措施如下：

a. 严控加工环节，4根3m的钢管拼装成12m后立即进行尺寸校核。

b. 为了减少累计误差，每节钢管的安装单独定位。

c. 安装一段距离后，测算实际累计误差量，预估后续施工的误差量，偏差过大时采用修口处理。

d. 区间隧道存在5个小曲线半径段，预估钢管修口4次，方法为沿管口反向一边进行画线保证切割后的对口吻合，计算好切割长度。修口的原则是不能够通过一道口一次修复到位，容易造成下一道口的安装再次对接不上的问题，需要用3～4节钢管来逐渐调整至设计位置。

e. 预留最后一节钢管，后期根据实测数据来确定钢管长度，提前与厂家沟通，进行加工并严控出厂、进场验收程序。

3）尺寸校核及检查方法：

质量检测要求及测量方法如表6.2-1所示。

4）焊缝外观质量检查标准

焊缝外观质量检查标准如表6.2-2所示，检查过程如图6.2-23～图6.2-25所示。

质量检测要求及测量方法　　　　　　　　　　　　　　　表 6.2-1

序号	工序	测量要素及偏差范围	测量方法	测量工具
1	钢板下料	1. 钢板的长、宽及对角线：长度和宽度偏差范围为±1mm；对角线相对差为 2mm； 2. 出厂口坡口角度及钝边：坡口角度为 27.5°±2.5°，钝边偏差范围为±1mm	1. 用钢卷尺沿对应长度、宽度及对角线方向测量并记录； 2. 用焊接检验尺沿坡口方向测量角度并记录	1. 15m 钢卷尺； 2. 焊接检验尺
2	卷板	圆弧度偏差范围：间隙≤4mm	用半径样板（弧长 500mm）对内表面及管端纵缝处进行测量并记录	弧长 500mm 半径样板
3	尺寸检验	1. 管端周长偏差范围为±10mm，斜口钢管短边的管端周长偏差范围为±10mm； 2. 管体周长偏差范围为±10mm； 3. 椭圆度≤18mm； 4. 壁厚偏差范围为 −0.25±1.85mm； 5. 焊缝错边量：纵缝≤2mm，环缝≤3mm； 6. 焊缝余高：埋弧焊为 0~4mm，手工焊为 0~3mm	1. 用钢卷尺沿管端外表面（斜口管以短边垂直方向）一周测量； 2. 用钢卷尺沿管体外表面一周测量； 3. 用钢卷尺沿同端管口相互垂直测量两直径差，每端测 2 次，错开 45°并记录； 4. 用壁厚千分尺或超声波测厚仪在管端处测量取平均值； 5. 用焊接检验尺在焊缝处测量； 6. 用焊接检验尺在焊缝处测量并记录	1. 15m 钢卷尺； 2. 15m 钢卷尺； 3. 5m 钢卷尺； 4. 壁厚千分尺或超声波测厚仪； 5. 焊接检验尺； 6. 焊接检验尺
4	成品检验	1. 直度偏差范围为 0.2%L； 2. 长度偏差范围为±10mm； 3. 管口平面度≤6mm	1. 在水平轴线方向用碳棒和细线测量最高点和最低点之差； 2. 用钢卷尺沿水平轴线方向测量； 3. 沿坡口面用钢直尺测量坡口平面度； 4. 沿水平用铅垂线测量楔形量	1. 钢直尺； 2. 15m 钢卷尺； 3. 钢直尺； 4. 钢直尺
5	理化试验	1. 化学分析：C 含量≤0.20%，0.20%≤Si 含量≤0.60%，1.20%≤Mn 含量≤1.60%，P 含量≤0.030%，S 含量≤0.035%； 2. 拉伸试验：按工艺文件要求； 3. 冲击试验：吸收功，剪切面积在要求的范围内	1. 直读光谱仪按照每炉 1 次进行化学分析； 2. 万能试验机按照每炉 1 次进行拉伸和弯曲试验； 3. 金属摆锤试验机按照每炉 1 次进行冲击试验	1. FOUNDRY-MASTER 直读光谱仪； 2. SHT4106 万能试验机； 3. ZBC1602-B 或 ZB C1302-B 金属摆锤试验机
6	无损检测	1. 射线检测：检测比例为焊缝总长的 5%，按《焊缝无损检测 射线检测 第 1 部分：X 和伽玛射线的胶片技术》GB/T 3323.1—2019 规定的 B 类Ⅱ级验收； 2. 超声波检测：焊缝 100%检测，按《焊缝无损检测 超声检测 技术、检测等级和评定》GB/T 11345—2013 B 类 1 级验收	1. 使用移动式射线机 XXH-3005 对焊缝进行 5%的拍片检测； 2. 使用超声波探伤仪 CTS-9006 对焊缝进行 100%的超声波探伤检测	1. XXH-3005 周向射线探伤机； 2. CTS-9006 超声波探伤仪

续表

序号	工序	测量要素及偏差范围	测量方法	测量工具
7	防腐检验	1. 除锈等级不小于 Sa 2.5 级；锚纹深度偏差范围为 40～100μm； 2. 涂层厚度≥400μm；电火花检测：漏点数平均每 m²≤1 点； 3. 附着力为 1～2 级	1. 每根使用除锈等级对比标样对照，使用粗糙度测量仪对锚纹深度进行测量； 2. 每根涂层测厚仪对涂层厚度进行测量，电火花检漏仪以 5V/μm 电压进行检漏； 3. 使用撬拨法对涂层进行附着力检测	1. 除锈等级对比标样、粗糙度测量仪； 2. 涂层测厚仪和电火花检漏仪； 3. 符合要求的刀片

焊缝外观质量检查标准　　　　　　　　表 6.2-2

序号	项目		焊缝类别（单位：mm）		
			一	二	三
			允许缺陷尺寸		
1	裂纹		不允许		
2	表面夹渣		不允许		深度≤0.1δ，长度≤0.3δ，且≤10
3	咬边		深度≤0.5，连续长度≤100，焊缝两侧咬边累计长度≤10%全长焊缝		深度≤1，长度不限
4	未焊满		不允许		≤0.2+0.02δ 且不超过 1，每 100 长度焊缝内未焊满累积长度≤25
5	表面气孔		不允许		每 50 长的焊缝内允许有直径为 0.3δ，且不大于 2 的气孔 2 个，孔间距≥6 倍直径
6	焊缝余高 Δh	埋弧焊	12<δ<25 时，Δh=0～2.5 25<δ≤50 时，Δh=0～3		—
		气保焊	0～4		—
7	对接接头焊接宽度	埋弧焊	盖过每边坡口宽度 2～4，且平缓过渡		
		气保焊	盖过每边坡口宽度 2～7，且平缓过渡		
8	飞溅		清除干净		
9	焊瘤		不允许		

（3）钢管吊装及运输

1）钢管吊装采用 45t 龙门吊，自行设计吊装扁担，吊点位于 3m、9m 两个位置。

2）隧道坡度较大，盾构工作井轨道端头设置防撞墩，随车配备防溜车铁鞋，隧道限速 3km/h，过弯道前后速度放到最低档。

3）轨道轨枕间距 1.2～1.5m，采用弧形轨枕，钢轨为 43 号轨，间距 90cm。

4）钢管吊装及钢管运输准备如图 6.2-26、图 6.2-27 所示。

图 6.2-23　弧度检查

图 6.2-24　错边量检查　　　　　　　　图 6.2-25　周长检查

图 6.2-26　钢管吊装　　　　　　　　图 6.2-27　钢管运输准备

4）运输台车

① 盾构施工完成后，钢管运输进洞的设备可采用有轨式和无轨式，结合实

123

际情况，采用有轨运输。

② 运输系统是 45t 电瓶车＋运料车＋两节自制运输小车。运输小车设置 4 个车轮，双面轮缘，轮缘加长。运输平板车上面设置马鞍座，连接部位设置旋转轴。这套系统可以保证运输小车在转弯时小车轮子和轨道之间有旋转角度，同时支托钢管的两个运输小车可以同步旋转，保证钢管不会刚性摩擦受损。

运输小车加工成品如图 6.2-28～图 6.2-31 所示。

图 6.2-28　运输小车转向功能

图 6.2-29　运输小车轮子设计

图 6.2-30　钢管运输到达

图 6.2-31　吊装至运输小车

（4）钢管安装台车设计

1）钢管运输至现场后，需要将钢管临时放置。需要一种新型的设备来实现钢管的穿管转接和带管行走功能；同时要在安装面实现钢管移动的粗调及精调；钢管存在楔口，需要实现 360°旋转功能；钢管对口的时候，30mm 厚钢管的调整靠人工实现困难，需要液压系统灵活调整及对位。

2）安装台车组成同 6.2.2 中安装台车组成。

（5）钢管安装工艺

1）定位节（始装节）安装

① 定位节安装：利用自制运输小车，运输小车高度与钢管安装尽量保证高

度一致，由盾构机的电瓶车作为牵引车。

② 首先调整定位节安装位置的轨道中心与安装钢管的中心线处于同一垂直平面内，保证钢管运输到位后钢管处于安装中心线上，将第一根钢管运送到安装地点，并通过运输小车自卸功能将钢管卸下，钢管底部设置临时管托并加以固定。临时管托分为上下两个部分以便安装。

③ 将驮管小车吊装至运输小车上并用 2 台捯链分别固定在前后 2 台运输小车上，运至第一根钢管处（此时支腿 8 与安装支腿 2 已经进入第一根钢管内），如图 6.2-32 所示。

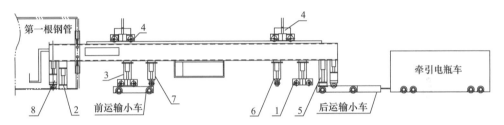

图 6.2-32　首节管道及安装车运输图（一）
1—行走支腿；2—安装支腿；3—行走支腿；4—支腿；5—安装支腿；6—支腿；7—支腿；8—支腿

④ 将前运输小车捯链松开，顶升支腿 8。电瓶牵引车继续推动后运输小车，将行走支腿 3 推入第一根钢管内。电瓶车牵引车刹车。如图 6.2-33 所示。

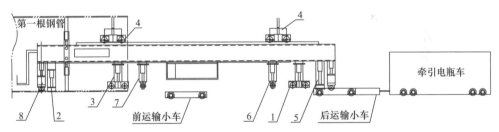

图 6.2-33　首节管道及安装车运输图（二）
1—行走支腿；2—安装支腿；3—行走支腿；4—支腿；5—安装支腿；6—支腿；7—支腿；8—支腿

⑤ 顶升行走支腿 3，收缩支腿 8，人工牵引前运输小车至第一根钢管底部，电瓶牵引车继续前推至行走支腿 1 进入第一根钢管内。如图 6.2-34 所示。

⑥ 松开后运输小车与驮管小车的捯链，连接前后运输小车，行走支腿 1 顶升，安装支腿 5 收缩，确认前后运输小车与第一根钢管脱离，电瓶牵引车牵引前后运输小车返回 G3 盾构工作井进行第二根钢管运输。

⑦ 第一根钢管调整定位

安装支腿 2、安装支腿 5 顶升至压脚盘，打开斜撑支腿 10。通过调节液压缸 9 调整钢管在横截面上的左右位置。通过安装支腿 2 与安装支腿 5 的顶升与收缩调节第一根钢管的标高。通过调整支腿 4 中主动轮支腿 11，调整钢管的径向角度位置。

调整完成后拆除钢轨与临时管托，安装永久管托，管托形式如图 6.2-35 所示。

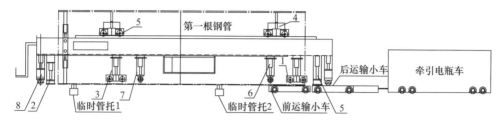

图 6.2-34　首节管道及安装车运输图（三）

1—行走支腿；2—安装支腿；3—行走支腿；4—支腿；5—安装支腿；6—支腿；7—支腿；8—支腿

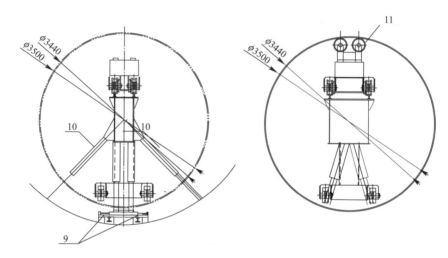

图 6.2-35　管托形式

9—液压缸；10—斜撑支腿；11—主动轮支腿

2) 第 N 根钢管安装

① 定位节安装完毕，经监理工程师验收合格后，移交下一道工序施工，然后进行第二根钢管的安装，调整待安装钢管轨道中心与已安装钢管中心线在同一垂直平面内。安装前先复测前一节管口的中心、里程以及管口垂直度，复测合格后，将待安装钢管由牵引电瓶车＋运输台车运送至第一根钢管位置，将安装台车行走支腿 1 和行走支腿 3 顶升，安装支腿 2、支腿 6 收起，调整驮管小车进管状态，待运输台车上钢管距安装接口 10cm 左右停止。通过前后运输小车的自卸功能将钢管卸至临时管托上，如图 6.2-36 所示。

② 钢管驮管小车通过调节行走支腿 1、行走支腿 3 行进至第二根钢管内，如图 6.2-37 所示。

③ 调整第二根钢管

通过支腿 7、支腿 8 调节设备，保证设备处于水平状态。安装支腿 2 顶升至第一根钢管内表面，安装支腿 5 顶升至压脚盘，打开斜撑支腿 10。通过调节液压缸 9 调整钢管在横截面上的左右位置。通过安装支腿 2 与安装支腿 5 的顶升与收缩调节第二根钢管的标高。通过调整支腿 4 中主动轮支腿 11，调整钢管的径向角度位置。调整完成后拆除钢轨与临时管托，安装永久管托。

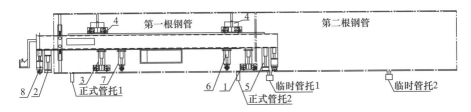

图 6.2-36　第 N 根钢管道对接图（一）

1—行走支腿；2—安装支腿；3—行走支腿；4—支腿；5—安装支腿；6—支腿；7—支腿；8—支腿

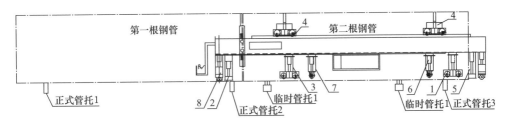

图 6.2-37　第 N 节管道对接图（二）

1—行走支腿；2—安装支腿；3—行走支腿；4—支腿；5—安装支腿；6—支腿；7—支腿；8—支腿

④ 第一根钢管与第二根钢管的管口对接。

通过调节装置 9（整圆校正）进行对口工作，如图 6.2-38 所示。

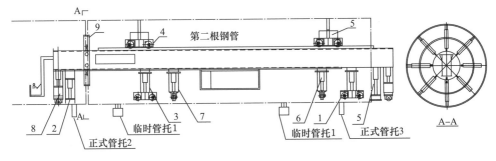

图 6.2-38　第 N 节管道对接图（三）

1—行走支腿；2—安装支腿；3—行走支腿；4—支腿；5—安装支腿；
6—支腿；7—支腿；8—支腿；9—调节装置

⑤ 第 N 根钢管的安装工艺

第 N 根钢管的安装工艺流程与第二根钢管的安装工艺流程一致。

（6）安装各工序施工现场实景（图 6.2-39～图 6.2-45）

图 6.2-39　外部钢管旋转对位

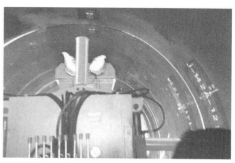

图 6.2-40　内部钢管旋转对位

图 6.2-41　千斤顶微调错台

图 6.2-42　人工辅助微调更灵活

图 6.2-43　运输小车退出

图 6.2-44　永久管托安装

6.2.5　大直径钢管对焊技术

钢管安装工序流程：钢管吊装→钢管运输→安装台车移动→支撑转换→转角两侧定位→对口拼缝→永久管托固定→轨道拆除，具体流程时间表如表 6.2-3、表 6.2-4 所示，操作如图 6.2-46～图 6.2-56 所示。

单根钢管安装时间 3h50min，其中吊装和运输可交叉作业。

图 6.2-45　永久管托焊接

钢管安装工序时间流程表　　　　　　　　　　　　　表 6.2-3

工序	平均用时
钢管吊装	10min
钢管运输	50min
安装小车移动	5min
支撑转换	15min
转角两侧定位	20min
对口拼缝	1h
永久管托固定	1h10min

钢管焊接工序时间流程表　　　　　　　　　　　　　表 6.2-4

工序	平均用时
焊缝贴瓷	20min
外壁焊缝焊接	8h
内壁焊缝碳刨清根	1h30min
焊缝打磨	30min
内壁焊缝焊接	8h
焊缝及码板打磨	20min
焊缝无损检测	—

图 6.2-46　外部打磨

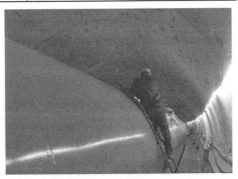

图 6.2-47　外部立焊

图 6.2-48　外部平焊

图 6.2-49　外部仰焊

图 6.2-50　内壁焊缝碳刨清根

图 6.2-51　内部打磨

图 6.2-52　内部仰焊

图 6.2-53　内部立焊

图 6.2-54　超声波检测

图 6.2-55　射线拍片　　　　　　　图 6.2-56　射线检测设备

6.3　BIM 虚拟仿真技术在隧道内供水管道安装的应用

6.3.1　BIM 介绍与技术实现

我国国家标准《建筑信息模型施工应用标准》GB/T 51235—2017 将 BIM 定义为：在建设工程及设施全生命期内，对其物理和功能特性进行数字化表达，并依此设计、施工、运营的过程和结果的总称。BIM 以三维数字化模型为基础，能够帮助项目相关方在一个统一的模型上进行模型的设计、变更等操作。BIM 从另一个角度来说也就是传统 CAD 图纸设计方式向 3D 信息化设计和建造方式升级的颠覆性技术，在 BIM 技术的基础上，工程建造多了一个维度，其不仅包括实物工程的建造，还包括信息化数字产品的设计和建造。BIM 技术的显著特点是设计参数化，图形可视化，科学的任务管理，BIM 能够提供工程的性能分析，给予工程参与者沟通协调的平台。BIM 不是由几个软件组成的，而是一种新的管理模式和思维方式，并具有很强的实践性，它让项目各方，尤其是工程师采用预先模拟施工的思维方式，在项目前期消除问题，从而减少现场施工过程中不必要的返工和麻烦。在 BIM 软件开发中，最专业的分别是 Autodesk、Bentley 和 Graphisoft、Revit 系列产品，Microstatio 和 Arhicad 是这几个企业的代表性作品。在国内，BIM 软件主要有广联达、鲁班、鸿业等。在 BIM 平台的开发上，开发者主要基于 OPENBIM 开放平台、Autodesk 开发的 BIM^{3}60 等、广联达的 BIMFACE 等，BIM 转件类别如图 6.3-1 所示。

BIM 技术具有可视化、协调性、优化性、关联性等一系列显著的优点。

6.3.2　BIM 模型的建立

1. 盾构隧道模型

钢管安装于盾构隧道，因此建立钢管安装模型，首先要建立隧道模型。由于

131

该项目盾构隧道总长达 5.5km，采用传统的建模方式，效率低下，同时传统建模方式在单一模型建立后，还需要进行管道之间的拼接，且由于盾构隧道一般不是直线形，故隧道建模过程中还要考虑管片楔形量的大小，拼装过程很难保证模型的整体性且建模效率极低。为此，本工程采用 Python 程序语言，运用 Dynamo＋Python＋Revit 的建模方式一次性、整体建立整个隧道的模型。这种建模方式基于严格的逻辑语言，提取隧道中心线，通过参数的设置，快速生成模型，建模流程标准化，提高了建模精度和工作效率，同时使部件的材料、体积、尺寸等参数实现了其实时的可读性，便于后续的调整与计算分析。

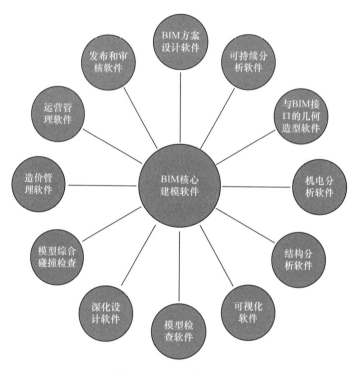

图 6.3-1　BIM 软件类别

在整体模型建立的基础上，为保证隧道中钢管安装位置的精度，需建立更加精细的隧道模型，以充分体现钢管安装时盾构隧道与钢管空间的位置关系。此时，BIM 技术的三维建模优势与可视化优势充分体现。为此，将设计的 CAD 平面、立面二维图纸导入 Revit 建模软件进行隧道管环精细化建模。利用 Revit 软件建立的三维隧道管环精细化模型如图 6.3-2所示。

2. 钢管模型

隧道模型建立之后，采用 Revit 公制常规模型建立钢管模型，钢管直径为3946mm，厚度为 30mm，单根钢管的长度为 12000mm。内防腐采用白色水泥砂浆干膜，厚度为 $18000\mu\mathrm{m}$；外防腐采用静压喷涂环氧粉末，厚度为 $400\mu\mathrm{m}$。所有信息可直接在 Revit 软件中生成，方便各单位查阅。建模信息及钢管模型如图 6.3-3、图 6.3-4 所示。

图 6.3-2　利用 Revit 软件建立的三维隧道管环精细化模型

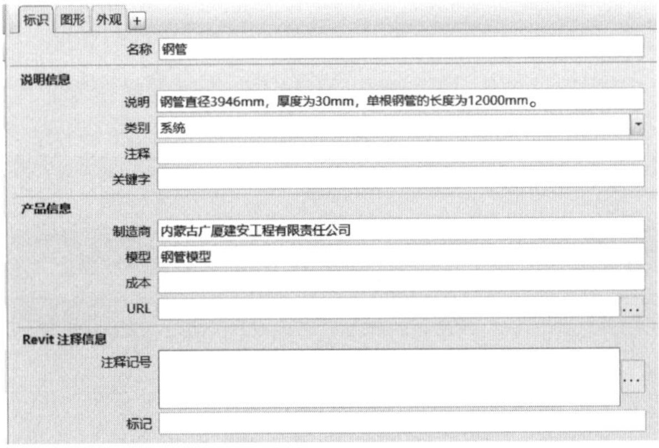

图 6.3-3　建模信息

图 6.3-4　钢管模型

3. 模型组合

将采用 Revit 软件建立的隧道模型与钢管模型组合，模拟隧道与钢管空间位置关系，以验证钢管拼装组合位置的合理性。当位置不合理时，及时通过软件调整钢管的位置关系直至钢管达到最佳位置，通过这种方式，可以及时找出设计不合理的问题，同时避免施工过程中出现返工，达到优化设计与经济性协调的目的。

6.3.3 对模型合理性校核

传统的二维设计方法常导致各专业的设计信息传递不畅，甚至产生错误，严重影响了工作效率与设计质量，尤其是长距离管道的拼装工程，因管道段数多、弯道多，设计图常出现与既有隧道冲突的现象，由此产生的设计变更和返工对建设成本造成了很大的负面影响。针对这一问题，一般采用碰撞检测的方式来避免，然而传统的技术交底和图纸会审都无法高效地解决此问题。应用 BIM 软件检查施工图设计阶段的碰撞问题，以避免空间冲突。应用 Navisworks 软件建立的碰撞检验如图 6.3-5 所示，添加检测结构，设置碰撞规则，便可以生成碰撞结构，得到碰撞报告。从三维空间完整、直观地呈现设计的全部内容，提高不同专业设计的关联性和整体性；施工人员不仅可以纵观结构的全貌，还可以清晰地了解各种细节，不容易产生误差，对于形体复杂的结构，也可以准确表示，不受空间限制。

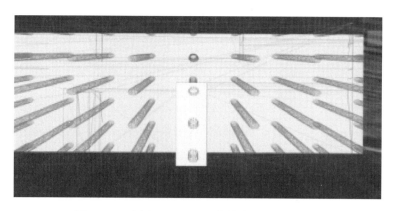

图 6.3-5　应用 Navisworks 软件建立的碰撞检验

6.3.4 管道拼装

当管道工作压力大于或等于 0.1MPa 时，应按规定进行压力管道的强度及严密性试验。压力管道的水压试验是对管道接口、管材、施工质量的全面检查。本供水管道工作水压大于 0.1MPa，因此需对管道进行水压试验。且本盾构工作井内主管道管线长，同时存在繁多的支管，使得施工人员对管线构造的理解与实际布置有所偏差，为此采用 BIM 技术，进行供水管线复杂线路处 3D 建模工作，使工人形成直观的管道构造及布置印象，加深工人对各个管线构造及各管线连接关系的理解，钢管安装图如图 6.3-6～图 6.3-8 所示。同时此模型可以模拟盾构工作井内水压试验阶段管线结构的形式，可以根据水压试验的监测数据，及时找准焊接薄弱部位，更好地指导现场施工。

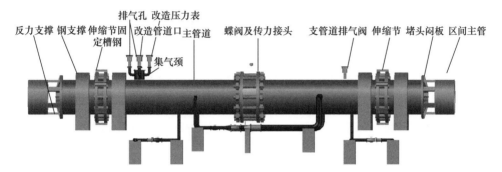

图 6.3-6　钢管安装图（一）

图 6.3-7　钢管安装图（二）

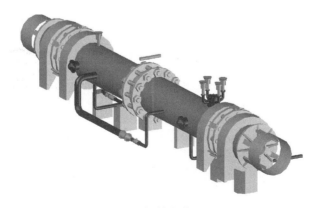

图 6.3-8　钢管安装图（三）

6.4 本章小结

　　本章介绍了非开挖技术近年来发展趋势及本工程采用非开挖技术进行供水管道施工的优势。结合工程特点详细分析了本工程非开挖技术，施工的重难点，并制定了详细的非开挖供水管道在狭小空间施工的关键技术，最后结合 BIM 技术的可视化特点，对管道安装过程进行虚拟仿真可视化模拟，从而确保安装过程的安全性、经济性、合理性，最终圆满完成了管道安装工作。工程实践的检验及现场监测数据表明，采用非开挖技术进行供水管道的施工可以减少对周围环境的影响，具有良好的社会效益和经济效益。

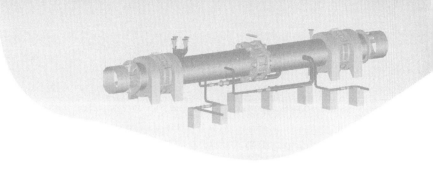

第**7**章

长距离隧道内焊接作业通风设计与施工管理研究

7.1 通风方式设计

采用巷道通风方式,拟定盾构隧道为风管,通过核算风量、风速、风压和设备推力以满足通风需求。

通风设计时,海拔低的一端进行送风,采用 $2 \times 75kW$ 轴流式风机,用硬质风管由轴流风机接至隧道内 50m 进行送风。隧道每隔 500m 设置一台射流风机进行引风,保证风向一致。在隧道出口位置设置射流风机进行强制抽排。管道内部设置移动射流风机进行引风,现场照片如图 7.1-1 所示。焊接作业面设置挡风罩进行隔离,确保二氧化碳气体保护焊焊接质量。

图 7.1-1 现场照片

7.2　通风方式设计过程

（1）首先明确隧道内风量需求。通过隧道最小断面、隧道长度、作业人数、电焊机数量计算隧道内呼吸及电焊所需风量；再计算隧道内允许最低风速和隧道内消除有毒有害气体积聚所需风量。

（2）风机最大风速计算。结合既有的 $2 \times 75 \mathrm{kW}$ 轴流式风机，计算最大风速。

（3）风机风压计算。首先计算隧道内因阻力导致的风压损失；再计算隧道内因管道作业面局部变大、变小导致的风压损失。

（4）隧道内总推力计算。首先计算隧道进出口空气阻力产生的压差；再计算隧道内行驶车辆正向及反向产生的助推或阻碍压差；计算两边大气压差所产生的自然压差；计算隧道内表面摩擦损失产生的压差。通过以上计算确定隧道内总推力是否满足。

（5）通过以上计算，确认是否满足通风要求，同时考虑海拔高度对气压的影响较大，低气压情况下对隧道两边风压产生影响，因此采取增加移动风扇进行引风的措施。

7.3　设计计算

7.3.1　隧道内风量计算

隧道横断面积 $S = 9.7 \mathrm{m}^2$ ，第一节管道安装完成后，隧道断面取混凝土浇筑及管道安装后的最小截面积。

通风距离 $L = 3305 \mathrm{m}$ ；

洞内最多作业人数 $N = 80$ 人；

电焊机数量 $N_\mathrm{d} = 16$ 台。

（1）按隧道内呼吸及电焊计算风量：

$$Q_1 = (qN + q_\mathrm{d}N_\mathrm{d})\gamma \tag{7.3-1}$$

式中　q——每人所需的新鲜空气量，取为 $4 \mathrm{m}^3/\mathrm{min}$ ；

$\quad\quad q_\mathrm{d}$——每个电焊机所需的新鲜空气量，取为 $50 \mathrm{m}^3/\mathrm{min}$ ；

$\quad\quad N$——隧道内最多人数，取为 80 人；

$\quad\quad N_\mathrm{d}$——隧道内同时施工的电焊机数，取为 16 台；

$\quad\quad \gamma$——安全系数，取为 1.2。

则：

$$Q_1 = (4 \times 80 + 50 \times 16) \times 1.2 = 1344 (\mathrm{m}^3/\mathrm{min})$$

（2）按隧道内允许最低风速计算风量：

$$Q_2 = \nu S \tag{7.3-2}$$

式中　ν——隧道内允许最低风速，取为 9m/min；

　　　S——隧道内截面积（9.7m²）；

则：

$$Q_2 = 9 \times 9.7 = 87.3 (\text{m}^3/\text{min})$$

（3）按隧道内消除瓦斯等有害气体积聚计算风量：

根据本工程地质勘察报告，隧道无瓦斯存在，但是在焊接作业时会产生有害气体，考虑这部分气体积聚时的通风量计算如下：

$$Q_3 = \nu_\text{w} S \tag{7.3-3}$$

式中　ν_w——隧道内消除有害气体所需最小风速，取为 15m/min；

　　　S——隧道内截面积（9.7m²）。

则：

$$Q_3 = 15 \times 9.7 = 145.5 (\text{m}^3/\text{min})$$

所以隧道内实际需要的风量为：

$$
\begin{aligned}
Q &= \frac{\max(Q_1, Q_2, Q_3)}{(1-\beta)^{\frac{L}{100}}} \\
&= \frac{1344}{(1-0.015)^{\frac{3305}{100}}} \approx 2215 (\text{m}^3/\text{min})
\end{aligned}
\tag{7.3-4}
$$

式中　β——百米风管漏风系数（采用巷道通风，隧道断面近似于风管），取为 0.015；

　　　L——通风距离，根据工程概况，取为 3305m。

投入一台 2×75kW 轴流式风机的通风量为 1500~2250m³/min，最大通风量大于 2215m³/min，满足隧道内实际通风量。

7.3.2　风机最大风速计算

风速计算时最不利情况为风速最大的时候，此工况下造成的各项阻力最大，风压损失更大，所以按照一台 2×75kW 轴流式风机的风量为 1500~2250m³/min，风压为 4000~5600Pa 进行计算：

$$Q = \nu S \tag{7.3-5}$$

式中　Q——风机风量（33.3m³/s）；

　　　S——截面面积（9.7m²）；

　　　ν——最大风速，m/min。

$$\nu = \frac{33.3 \times 60}{9.7} \approx 206 (\text{m}/\text{min})$$

通风机参数如图 7.3-1 所示，选用范围已标记。

机号	速度	转速 (r/min)	流量 (m³/h)	全压 (Pa)	高效流量 (m³/h)	效率 (%)	配用功率 (kW)
$N_2$10.0	高速	1480	52500~82600	3000~4400	73500	84	37×2
	中速	980	35000~55000	1300~1900	49500	85	13×2
	低速	740	27000~42000	1100~7500	37140	85	5.5×2
$N_2$11.0	高速	1480	70000~120000	3700~5400	85000	85	55×2
	中速	980	60000~80000	1600~2400	65000	84	18.5×2
	低速	740	35000~60000	960~1400	45000	84	7.5×2
$N_2$11.0	高速	1480	90000~135000	4000~5600	105000	86	55×2
	中速	980	60000~90000	1800~2500	70000	85	24×2
	低速	740	45000~70000	1040~1500	55000	54	12×2
$N_2$12.5	高速	1480	120000~175000	4300~6000	140000	86	110×2
	中速	980	80000~120000	1950~2650	95000	85	40×2
	低速	740	60000~90000	1150~1160	70000	84	20×2
$N_2$13.0	高速	1480	140000~198000	4650~6500	160000	86	132×2
	中速	980	95000~135000	2500~2850	110000	85	45×2
	低速	740	70000~100000	1200~1700	80000	84	22×2

图 7.3-1　通风机参数

7.3.3　风机风压计算

（1）隧道阻力风压损失：

$$P_d = \lambda \frac{L}{d} \rho \frac{\nu_p^2}{2} \tag{7.3-6}$$

式中　L——通风距离，根据工程概况取为 3305m；

　　　d——隧道直径，取为 5.5m；

　　　ρ——空气密度，取为 1.29kg/m³；

　　　ν_p——隧道平均风速，3.4m/s；

　　　λ——隧道阻力系数，取为 0.02。

则：

$$P_d = 0.02 \times \frac{3305}{5.5} \times 1.29 \times \frac{3.4^2}{2} \approx 90(Pa)$$

（2）隧道局部阻力风压损失：

由于隧道内钢管及混凝土施工是由中间向两端施工，送风方向是 G2 盾构工作井向 G3 盾构工作井，所以在隧道钢管施工作业面存在隧道断面变小后又变大的情况，此部分风压损失计算如下：

$$P_{局} = \sum \zeta \rho \frac{\nu_p^2}{2} = (\zeta_1 + 2\zeta_2 + \zeta_3)\rho \frac{\nu_p^2}{2} \tag{7.3-7}$$

式中　ζ——隧道变径阻力系数，取值见表 7.3-1；

隧道变径阻力系数　　　　　　　　　表 7.3-1

局部阻力情况	90°标准弯头	$A_1 \to A_2$ 突然扩大	$A_1 \to A_2$ 突然缩小
局部阻力系数	0.75	$(1-A_1/A_2)^2$	$0.5(1-A_2/A_1)$

ζ_1——隧道进口阻力系数；

ζ_2——90°标准弯头阻力系数，取为 0.75（实际隧道曲线不够 90°，按照最不利考虑取为 0.75）；

ζ_3——隧道出口阻力系数，根据表 7.3-1 计算。

突然变大的局部阻力系数为：

$$\zeta_1 = (1 - 9.7/23.75)^2 \approx 0.35$$

突然变小的局部阻力系数为：

$$\zeta_3 = 0.5 \times (1 - 9.7/23.75) \approx 0.3$$

则：

$$P_{局} = (0.35 + 2 \times 0.75 + 0.3) \times 1.29 \times \frac{3.4^2}{2} \approx 16.03(\text{Pa})$$

（3）风机所需风压：

$$P = (P_{局} + P_d)\lambda = (90 + 16.03) \times 1.2 = 127.24(\text{Pa})$$

λ 为安全系数，取为 1.2。

一台 2×75kW 的轴流风机其风压为 4000～5600Pa，满足隧道内实际风压。

7.3.4　隧道总推力计算

1. 隧道进口、出口空气阻力

隧道进口、出口空气阻力 $P_{en,ex}$ 通常取为隧道中空气动压的 1.5 倍，隧道中空气动压的计算结果为：

$$P_{dt} = \frac{1}{2}\rho\nu_t^2 \tag{7.3-8}$$

$$= \frac{1}{2} \times 1.29 \times 3.4^2 \approx 7.46(\text{Pa})$$

式中　P_{dt}——隧道空气动压，Pa；

ρ——空气密度，1.29kg/m³；

ν_t——隧道中空气平均流速，3.4m/s。

则：

$$P_{en,ex} = 1.5 \times 7.46 \approx 11.19(\text{Pa})$$

2. 车辆拖阻或阻力

隧道由中间工作面向盾构工作井方向施工，阻力最大的情况为车辆由 G3 盾构工作井向中间进入行驶及中间向 G2 盾构工作井退出行驶。车辆拖阻推力计算如下：

$$P_{drag} = C_d A_v / S \times 0.5\rho \big[(N_{C_1} + N_{T_1})(V_{V_1} + V_T)^2 -$$
$$(N_{C_2} + N_{T_2})|V_{V_2} - V_T|(V_{V_2} - V_T)\big] \qquad (7.3\text{-}9)$$
$$= 1 \times 6/9.7 \times 0.5 \times 1.29 \times 2 \times (0.83 + 3.4)^2$$
$$\approx 14.28(Pa)$$

式中　P_{drag}——车辆拖阻或阻力，Pa；

$\quad C_d$——车辆拖阻系数，1.0；

$\quad S$——隧道截面积，取 9.7m²；

$\quad A_V$——车辆迎风面积（小汽车为 2m²，卡车为 6m²，取卡车）；

$\quad N_{C_1}$——与风向相反行驶的小汽车车辆数为 0；

$\quad N_{T_1}$——与风向相反行驶的卡车车辆数为 2；

$\quad N_{C_2}$——与风向同向行驶的小汽车车辆数为 0；

$\quad N_{T_2}$——与风向同向行驶的卡车车辆数为 0；

$\quad V_{V_1}$——与风向相反行驶的车辆速度，0.83m/s（3km/h）；

$\quad V_{V_2}$——与风向同向行驶的车辆速度，0.83m/s（3km/h）；

$\quad V_T$——隧道中空气平均流速，3.4m/s。

3. 大气压差

由于管道施工时，盾构隧道已经贯通，G2 盾构工作井相对位置较低，在 G2 盾构工作井中设置 75×2kW 轴流式风机进行送风，进洞 50m 范围设置硬质通风管，使隧道两边形成有效风压。G2、G3 盾构工作井存在高程差异，两边高差为 14.4m，此部分高差会对隧道内形成烟囱效应，在管道施工时对通风有利。一般海拔为 2000m 内，每上升 10m，大气压强约减小 111Pa。所以，大气压差 P_{stack} 为：

$$P_{stack} = 14.4 \times \frac{111}{10} = 159.84(Pa)$$

4. 隧道中表面摩擦损失

隧道内管道内壁以及悬挂物都会对气流流动产生阻力。

计算如下：

$$P_L = \frac{0.5\rho\nu_t 2L}{d_h}f \qquad (7.3\text{-}10)$$

$$= \frac{0.5 \times 1.29 \times 3.4 \times 2 \times 3305}{2.25} \times 0.02 \approx 128.85(Pa)$$

式中　ν_t——隧道中空气平均流速，3.4m/s；

L——通风距离，3305m；

d_h——隧道横截面当量直径，2.25m；

f——摩擦系数。

通常情况下，f 取值为 0.02～0.04，主要取决于隧道表面粗糙度及隧道中悬挂物的尺寸及数量。盾构隧道管片表面光滑，悬挂物少，取 $f=0.02$。

5. 隧道中总推力 T_T

隧道中的总推力是用于克服隧道的空气阻力，故 $T_T = P_T A_T$，A_T 为隧道截面面积，P_T 为各项阻力损失之和：

$$P_T = P_{en,ex} + P_{drag} - P_{stack} + P_L \tag{7.3-11}$$
$$= 11.19 + 14.28 - 159.84 + 128.85 = -5.52(\text{Pa})$$

采用巷道通风的方式，隧道内总推力可以克服隧道内各种阻力。

结论：一台 $2\times75\text{kW}$ 轴流式风机可以满足隧道内所需风量和风压，隧道内总推力可以克服隧道内各种阻力。考虑天气条件影响对隧道两端低气压造成的气压变化，在隧道内每 500m 增设一台射流风机。为了保证焊接作业面附近的空气质量，在焊接面附近增设一台焊烟净化器。

7.4　长距离隧道内焊接作业通风安全管理研究

（1）隧道内每个作业面配备手持式有害气体检测仪，班组长每班 2 次对作业面有害气体进行检测，并形成检测记录，其中氧气含量不得低于 20%，CO_2 含量不应超过 0.5%，当检测相应含量不符合要求或者超标时，及时加大隧道通风量或者暂停施工，进行隧道排烟，待隧道烟雾减少，满足作业要求时再次恢复施工。同时对风机风速进行观测，发现隧道烟雾聚集量大，不能有效进行排风时，需相应地增大风机风力，增加轴流风机。

（2）钢管开始焊接作业之后，隧道通风需保持持续开通，确保隧道空气流动。

（3）为了确保焊接质量，及时调整风机的风速大小，将风速控制在 2m/s 以内。

（4）隧道内每日检测风速流量，当发现风速较小，空气不能流动，烟雾大时，考虑增大风速，当风速达到最大值还不能满足要求时，在该作业面增加一组风机。

（5）隧道内配备手持式有害气体检测仪，安排专人每日必须进行 CO_2 和氧气含量的检测，并形成检测记录。

（6）风机的安装固定应结实牢固，每日对风机固定情况进行安全检查，发现问题隐患时及时进行整改加固。

（7）二氧化碳采用管道输送时，输送管道由地面引到洞口再引到作业面，管道高挂，避免碰撞破坏，并日常检查管道接头是否破损。在焊接作业时发现气体泄压，应立即停止焊接作业，并关闭地面气罐总阀，进行排查维护。

（8）做好应急物资储备工作，配备齐全氧气面罩、护目镜、灭火器等必要物资，制定漏电起火、卷材起火等情况下的专项应急预案。

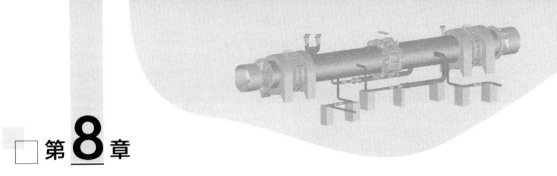

第8章

长距离隧道内泵送混凝土配制与浇筑
关键技术研究

8.1 工程概况

杭州大毛坞～仁和大道供水管道工程Ⅲ标段工程，包括 G1 盾构工作井、G2 盾构工作井、G3 盾构工作井、G1～G2 盾构区间以及 G2～G3 盾构区间。其中 G2～G3 盾构区间全长为 3305m，G1～G2 盾构区间全长为 2119m，区间隧道均存在平面缓和曲线及竖曲线。

盾构管片内径为 5500mm，管道外径为 3496mm，钢管下部设置永久管托垫高 67cm，钢管施工完成后采用 C25 混凝土进行回填，回填范围至钢管中线以下 150°，每延米浇筑混凝土 4.5m³，G2～G3 盾构区间浇筑量近 15000m³，设计和浇筑范围如图 8.1-1、图 8.1-2 所示。

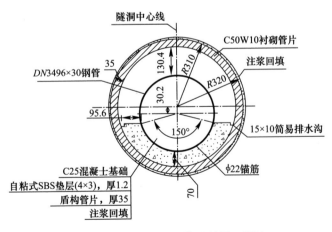

图 8.1-1　盾构区间钢管及混凝土设计

两个区间隧道长距离混凝土浇筑均由中间点向盾构工作井倒退式进行，中间点距离盾构工作井最长距离为 1653m，加之盾构工作井井口泵管布置，最长水平

图 8.1-2　混凝土浇筑范围

泵送距离达到 1670m。

针对盾构隧道内长距离泵送混凝土的工程特点，深入分析长距离泵送混凝土外加剂的种类、掺量以及与水泥凝结时间之间的关系，研究长距离泵送及外加剂对混凝土的力学性能的影响。调配的混凝土具备很好的扩展度及饱和度，同时具备很好的流动性及缓凝性，进而形成科学合理的混凝土施工配合比，从而解决长非开挖供水管线工程混凝土泵送的难题。

8.2　长距离隧道内泵送混凝土配合比设计研究

由于混凝土强度等级为 C25，最长水平泵送距离为 1670m，所以对混凝土的可泵性、易泵性、稳定性均有较高的要求。

8.2.1　材料配置要求

混凝土输送泵车（天泵）将混凝土从地面输送到井内混凝土泵，混凝土泵将混凝土送到浇筑点，初步配合比设置为一类，根据外加剂掺量不同，设置三组不同掺量的配合比，验证其工作性能。

每车混凝土扩展度存在差异，扩展度不够 700mm×700mm 应进行相应调整，调整时，使用外加剂调稠、调稀（混凝土使用聚羧酸系外加剂可以调稀，使用萘系外加剂可以调稠，为使混凝土快速吸收，添加外加剂的同时配 1：1 的水进行稀释），同时要求混凝土泵送至浇筑点时黏聚性好，不泌水且不离析。

8.2.2　配合比设计原则

要满足混凝土的性能要求，需要对混凝土配合比进行调整，配合比调整从以下几个方面入手：

（1）因细集料掺量大于常规配合比，故胶凝材料总量加大能保证骨料包裹性；调整粉煤灰及矿粉的掺入比例，提高粉煤灰用量，减少矿粉用量，达到减小矿粉水化热的作用及增加工作时间，起延长缓凝时间的作用。

（2）减少粗骨料石子的用量，增加黄砂及机制砂用量，避免长距离浇筑过程中，泵压降低导致的骨料堆积。

（3）机制砂含粉量较大，在与黄砂同比条件下，尽量减少机制砂用量，减小水分损失及对混凝土和易性的影响。

（4）萘系外加剂主要起调稠的作用，能够使混凝土在到场离析的情况下，掺入适量外加剂满足浇筑状态，用量调整到最低，避免长时间浇筑出现泵管内壁挂混凝土、凝结导致堵管的现象。

（5）聚羧酸系外加剂主要起调稀的作用，能够保证混凝土有良好的流动性即可，掺量过多会导致工作性能降低，快速凝结，对混凝土浇筑不利。

（6）粗骨料减少，会导致混凝土强度的降低，为了保证强度，相对提高胶凝材料总和及外加剂掺量。

8.2.3　配合比设计

1. 普通泵送混凝土配合比设计

见表 8.2-1。

普通泵送混凝土配合比设计　　　　　　　　　表 8.2-1

水泥 (kg/m³)	粉煤灰 (kg/m³)	矿粉 (kg/m³)	砂 (kg/m³)		碎石 (kg/m³)		外加剂 (kg/m³)	水 (kg/m³)	扩展度 (mm)
			黄砂	机制砂	粒径 16~31.5mm	粒径 5~16mm			
289	75	33	225	640	470	450	8.1	110	400

2. 混凝土配合比设计方案一

见表 8.2-2。

混凝土配合比设计方案一　　　　　　　　　表 8.2-2

水泥 (kg/m³)	粉煤灰 (kg/m³)	矿粉 (kg/m³)	砂 (kg/m³)		碎石 (kg/m³)		外加剂 (kg/m³)		水 (kg/m³)	扩展度 (mm)
			黄砂	机制砂	粒径 16~31.5mm	粒径 5~16mm	普	高		
268	80	38	330	644	0	815	7.3	2.8	110	550

3. 混凝土配合比设计方案二

见表 8.2-3。

混凝土配合比设计方案二　　　　　　　　　表 8.2-3

水泥 (kg/m³)	粉煤灰 (kg/m³)	矿粉 (kg/m³)	砂 (kg/m³)		碎石 (kg/m³)		外加剂 (kg/m³)		水 (kg/m³)	扩展度 (mm)
			黄砂	机制砂	粒径 16~31.5mm	粒径 5~16mm	普	高		
275	95	38	420	727	0	620	7.5	3	115	600

4. 混凝土配合比设计方案三

见表 8.2-4。

混凝土配合比设计方案三 表 8.2-4

水泥 (kg/m³)	粉煤灰 (kg/m³)	矿粉 (kg/m³)	砂（kg/m³）		碎石（kg/m³）		外加剂 (kg/m³)		水 (kg/m³)	扩展度 (mm)
			黄砂	机制砂	粒径 16～31.5mm	粒径 5～16mm	普	高		
300	95	40	660	500	0	580	5.5	5	115	700

8.3 长距离泵送混凝土质量控制技术研究

8.3.1 长距离泵送混凝土材料质量控制

1. 原材及外加剂选择

（1）水泥

在对水泥材料进行选择的过程中，可以利用硅酸盐水泥以及普通硅酸盐水泥等，需要明确的是，在选择水泥材料阶段，应该尽可能地不要选择火山灰质硅酸盐水泥。通常情况下，针对这种水泥材料来说，其需要的水量比较大，非常容易出现泌水的情况。同时，水泥的强度应不小于 32.5MPa，并且其质量一定要满足国家相关标准的规定。在购买水泥期间，选择信誉良好的厂家，按批量对水泥的强度以及安定性等进行检验，合格之后才能使用，水泥物理力学性能检测结果见表 8.3-1。

水泥物理力学性能检测结果 表 8.3-1

细度（%）	标准稠度（%）	凝结时间（min）		安定性	抗折强度（MPa）		抗压强度（MPa）	
		初凝	终凝		3d	28d	3d	28d
0.6	26.4	190	244	合格	6.4	8.7	33.9	52.3

（2）砂

在对砂材料进行选择的过程中，应该采用中砂并靠上限，粗砂如图 8.3-1 所示，细砂如图 8.3-2 所示。比如：对细度模数为 2.8 的中砂进行利用，其所获得的效果要比细度模数为 2.3 的中砂好，能够有效地减少水量，具体减少为 20～25kg/m³，也可以对水泥的用量进行降低，实际降低为 28～35kg/m³。所以，科学地对砂进行利用，能够有效地对水泥水热化以及混凝土升温等问题进行规避。同时，针对砂的含泥量，需要将其控制在小于或等于 3% 的范围内，而针对泥块的含量，应该将其控制在小于或等于 1% 的范围内。

（3）石

对于石材料的选择，为使长距离泵送混凝土质量能够有效把控，应该尽可能选择天然连续级配的碎石，也可以选择鹅卵石，以便对混凝土的可泵性进行综合提高。同时，应该依照结构的最小断面尺寸以及泵送管道内径，对粒径进行科学选择，如果情况允许，最好是应用粒径较大的石料。粗骨料如图 8.3-3 所示，细骨料如图 8.3-4 所示。通过相关实践研究得知，在强度等级相同的情况下，粒径大的碎石或者鹅卵石，既能够减少用水量，也可以适当地对水泥用量进行减少。

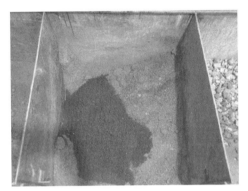

图 8.3-1　粗砂

图 8.3-2　细砂

图 8.3-3　粗骨料

图 8.3-4　细骨料

（4）粉煤灰

粉煤灰在混凝土中充当填充其他材料的空隙来改善混凝土和易性、抑制泌水率、耐久性、提高后期强度、控制水化热。粉煤灰使用常规电厂炉渣磨细 II 级粉煤灰，混凝土粗骨料多时，适量掺配，随骨料减少时胶凝材料增加，粉煤灰掺量增大。

（5）矿粉

混凝土中掺入适量矿粉，可延缓胶凝材料的水化速度，使混凝土凝结时间延长，可改善混凝土流动度，降低水泥水化热，提高混凝土抗渗、抗侵蚀以及后期强度，配合比选用 S95 型矿渣粉。

（6）外加剂

外加剂在混凝土中起减水、保坍、引气、缓凝、增加流动性的作用，本次混凝土施工选用聚羧酸系高性能外加剂水泥与外加剂如图 8.3-5、图 8.3-6 所示。

图 8.3-5　水泥　　　　　　　　　　图 8.3-6　外加剂

2. 室内试验

对三种预配置的混凝土在试验室先行验证，试验材料在料场取料，保证实际供应的材料与试验室配合比相同，材料按照配合比称重，搅拌时间不少于 120s，操作如图 8.3-7～图 8.3-16 所示。

图 8.3-7　水称重　　　　　　　　　图 8.3-8　砂称重

图 8.3-9　水泥称重　　　　　　　　图 8.3-10　加水

图 8.3-11　搅拌

图 8.3-12　拌和完成

图 8.3-13　扩展度试验 600mm×600mm

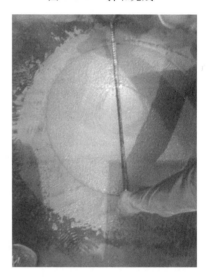

图 8.3-14　扩展度试验 700mm×700mm

图 8.3-15　振捣台

图 8.3-16　混凝土试块制作

试验结果显示混凝土配合比设计方案三，其初凝时间、流动性及坍落度损失均能满足施工要求，其工作性能和扩展度良好。

3. 现场验证

（1）现场验证原则

混凝土经过拌和—运输—浇筑—泵管内泵送，整个周期为混凝土的工作时间，主要卡控三个环节：

1）混凝土出厂的性能。

2）到达现场的性能。

3）经过泵送到达出料口的性能。

（2）现场验证

本工程混凝土搅拌站距离现场运输时间约 30min，早晚高峰期约 50min，混凝土出厂时进行扩展度试验。到达现场后再次进行扩展度试验，试验显示混凝土的扩展度未有明显变化，且流动性良好。经计算 1650m 泵管内混凝土量约 28m³，也就是 2.5 车混凝土，每车混凝土泵送时间约 20min，那么混凝土从浇筑开始至出料口，泵送时间需要约 50min。为了保证连续供应，一般混凝土到达现场后等待 30min，所以正常泵送混凝土的工作时间约 1.3h，扩展度试验现场如图 8.3-17～图 8.3-19 所示。

图 8.3-17　扩展度试验现场（一）

图 8.3-18　扩展度试验现场（二）

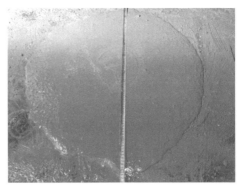

图 8.3-19　扩展度试验现场（三）

（3）现场验证结论

结合现场验证情况，考虑在长距离混凝土浇筑时出现应急情况需要处理的时间约为 2h，结合混凝土的扩展度损失及工作时间，绘制混凝土工作性能曲线，如图 8.3-20 所示，选取最佳方案三作为最佳配合比投入使用，检测报告如图 8.3-21 所示。

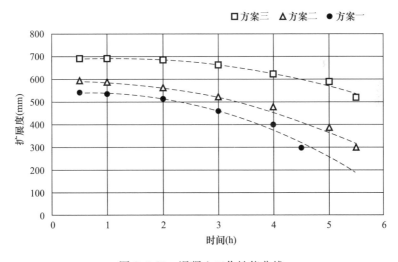

图 8.3-20　混凝土工作性能曲线

8.3.2　长距离泵送混凝土施工质量控制

1. 泵车、泵管配置

（1）地面泵车采用 47m 天泵，井内放置内燃泵，采用接力形式进行混凝土泵送，内燃泵及其标牌如图 8.3-22、图 8.3-23 所示。

杭州方平建设工程检测有限公司
市政（园林）工程质量见证取样检测服务专用章
郑建检字(17)01054-S

混凝土抗氯离子渗透试验电通量法检测报告

报告编号：18320062

第 1 页共 1 页

委托单位	杭州水务原水有限公司	委托人	张丁丁
工程名称	大毛坞-仁和大道供水管道工程Ⅲ标	检测类别	见证取样
见证单位	浙江明康工程咨询有限公司	见证人	胡峰
产地或厂家	商品混凝土	使用部位	盾构区间钢管混凝土基础
混凝土设计等级	C25	龄期	56d
检测环境条件	符合检测要求	试件尺寸	$\phi100\times50mm$
样品描述	有效	制样日期	2020.1.7
主要检测设备	电通量仪	检测日期	2020.3.3-2020.3.5
检测依据	GB/T50082-2009		
检测结论	略		
备注	/		
检测声明	1、报告涂改无效； 2、报告无检测人审核人和批准人签字无效； 3、报告及复印件无检测报告专用章无效； 4、检测报告无CMA标志不具备法律效力； 5、未经本单位书面批准，不得部分复印检测报告； 6、对检测报告若有异议，请于报告签发之日起十五日内向本单位提出。		

批准 审核 检测 盖章

杭州方平建设工程检测有限公司
检验检测专用章

报告签发日期：2020 年 3 月 6 日

地 址：杭州市江干区九环路61号3幢   邮 编：310019   电 话（传真）：0571-85223182

表码：FPJC/JS/B-094-2016

修订状态：A/0

图 8.3-21 检测报告

图 8.3-22　内燃泵

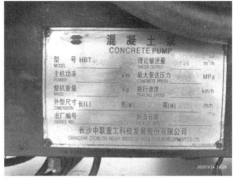

图 8.3-23　内燃泵标牌

（2）泵管采用直径为 115mm 的子母扣泵管，长度为 3m，管卡子为高密封性管卡子，如图 8.3-24～图 8.3-26 所示。

图 8.3-24　子母扣泵管

图 8.3-25　管口

图 8.3-26　管卡子

（3）泵车加固采用捯链将泵车前端进行临时固定，支腿加固如图 8.3-27 所示、立柱加固图 8.3-28 所示。

图 8.3-27　支腿加固　　　　　　　　　图 8.3-28　立柱加固

（4）泵管加固采用盾构螺栓及 $\phi20$ 钢筋进行焊接，空隙采用钢筋和木楔子固定，每隔 3m 加固一道，进洞段及曲线段在 3m 内加密一道，如图 8.3-29、图 8.3-30 所示。

图 8.3-29　泵管加固　　　　　　　　图 8.3-30　钢筋和木楔子固定

（5）混凝土骨料不稳定防控措施。

长时间、大方量混凝土供应，骨料容易出现不稳定情况，导致骨料粗细、大小发生变化，所以在天泵及混凝土泵出料口设置双层筛网（图 8.3-31）及挡板（图 8.3-32），对骨料过筛，减少堵管现象。

图 8.3-31　双层筛网

图 8.3-32　挡板

2. 人员配置

（1）人员配置

1）在地面、出料口配置技术人员各 1 名。

2）在地面配置试验人员 1 名。

3）配置混凝土泵操作人员 1 名。

4）配置混凝土浇筑人员 5 名。

5）在 200～300m 配置巡视人员 1 名。

6）在 200～300m 配置巡视加固人员 2 名。

7）配置现场总指挥 1 名。

以上人员为单班基本配置，另配置应急人员 40 名。

（2）辅助配置

1）全隧道（3305m）网络覆盖，建立微信群，作为主要沟通手段，辅助对讲机 12 对。

2）混凝土泵厂家人员驻场。

3）其余管理人员全过程巡视。

3. 长距离混凝土泵送技术

（1）试水试验

泵管泵车前期准备工作完成后，进行试水试验。对出现渗漏的地方及时进行密封检查及加固处理，直至试水合格。

（2）润泵

浇筑混凝土前采用润泵剂进行润泵，润泵剂可采用盾构施工分散剂或者厂家专用润泵剂，打通管道即可。

（3）混凝土浇筑

混凝土浇筑主要控制混凝土的供应及混凝土的性能，混凝土质量控制注重振捣及混凝土养护。

（4）长时间浇筑混凝土挂壁控制措施

因混凝土配备时掺入外加剂，并且机制砂含粉量及水泥掺量的关系，均会导致混凝土浇筑时出现挂壁现象，短时间浇筑影响不大，长时间浇筑容易出现堵管情况，并且在浇筑中，局部出现渗漏水或渗漏浆液，会进一步导致泵管挂壁严重，直至堵管，泵管挂壁如图 8.3-33 所示。为了保证长时间浇筑顺畅，在浇筑开始至浇筑完成，巡视人员需要对泵管进行不间断的巡视敲击，尽量减少挂壁现象，敲击下来的凝结混凝土如图 8.3-34 所示。通过实际浇筑验证，敲击可以有效抑制挂壁现象，减少堵管风险。

图 8.3-33　泵管挂壁　　　　　　　图 8.3-34　敲击下来的凝结混凝土

8.4　本章小结

长距离混凝土泵送，首先根据需求，配置合理的配合比。（1）因细集料掺量大于常规配合比，故胶凝材料总量加大能保证骨料包裹性；调整粉煤灰及矿粉的掺入比例，提高粉煤灰用量，减少矿粉用量，达到减小矿粉水化热的作用及增加工作时间，起延长缓凝时间的作用。（2）减少粗骨料石子的用量，增加黄砂及机制砂用量，避免长距离浇筑泵压降低导致的骨料堆积。（3）机制砂含粉量较大，在与黄砂同比条件下，尽量减少机制砂用量，减小水分损失及对混凝土和易性的影响。（4）萘系外加剂主要起调稠的作用，能够使混凝土在到场离析的情况下，掺入适量外加剂满足浇筑状态，用量调整到最低，避免长时间浇筑混凝土出现泵管内挂壁、凝结，导致堵管的现象。（5）聚羧酸系外加剂主要起调稀的作用，能够保证混凝土有良好的流动性即可，掺量过多会导致工作性能降低，快速凝结，对混凝土浇筑不利。（6）粗骨料减少，会导致混凝土强度的降低，为了保证强度，相对提高胶凝材料总和及外加剂掺量。

配合比经过理论推敲和实际验证，验证完成的配合比在实际施工时要结合天气、温度、运输路况等情况进行局部微调。

结合项目自身情况，合理选择泵送设备，构建整体浇筑的管理组织机构，联络通畅，落实到位。

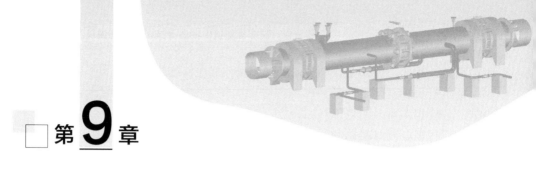

□ 第 **9** 章

供水管线盾构段水压试验工艺及技术要求

在供水工程施工过程中，管道系统的试压工作是管道工程质量检查与验收的重要环节。现根据管道试压的操作技能和注意事项，结合工作实践，介绍在试压过程中的各项环节与具体注意事项。

9.1 概况

9.1.1 工程概况

本工程为千岛湖供配水工程，全线分为 5 个标段，划分为上游段Ⅰ、Ⅱ标段和盾构Ⅲ、Ⅳ、Ⅴ标段。

上游大竹坞地下洞室至 G1 盾构工作井之间由 7.7km 的隧道和约 380m 的埋管组成。隧道直径为 5m，埋管直径为 3.4m。

盾构Ⅲ标段由 G1 盾构工作井、G1～G2 盾构区间（全长为 2119m）、G2 盾构工作井、G2～G3 盾构区间（全长为 3305m）、G3 盾构工作井组成。

盾构Ⅵ标段由 G3～G4 盾构区间（全长为 3499m）、G4 盾构工作井、G4～G5 盾构区间（全长为 2762m）、G5 盾构工作井组成。

盾构Ⅴ标段由 G5～G6 盾构区间（全长为 2674m）、G6 盾构工作井、G6～G7 盾构区间（全长为 2605m）、G7 盾构工作井、G7～G8 盾构区间（全长为 3306m）组成。

盾构段钢管采用 Q345R 钢管，壁厚 30mm，管道内径为 3436mm，外径为 3496mm。内衬防腐砂浆层，厚度为 18mm，根据设计要求，采用现场拌和喷涂施工工艺，管道水压试验在内防腐全部施工完成并验收合格后进行。盾构工作井内管道及阀门设备水压试验压力标准如表 9.1-1 所示，盾构区间管道设备水压试验压力标准如表 9.1-2 所示。

9.1.2 盾构段阀门及水泵布置

1. 盾构段检修阀布置

本工程沿线共设置 3 座分水口，分别位于 G4 盾构工作井（祥符水厂远期供水接口）、G7 盾构工作井（祥符水厂接水口）和 G8 盾构工作井（仁和水厂接水口）。

盾构工作井内管道及阀门设备水压试验压力标准　　　　　表 9.1-1

序号	位置	最大工作压力（MPa）	最大试验压力（MPa）	备注
1	G1 盾构工作井	0.8	1.30	
2	G2 盾构工作井	0.9	1.40	
3	G3 盾构工作井高坎	0.75	1.25	
4	G3 盾构工作井低坎	0.85	1.35	
5	G4 盾构工作井	0.8	1.30	
6	G5 盾构工作井	0.8	1.30	
7	G6 盾构工作井	0.8	1.30	
8	G7 盾构工作井	0.8	1.30	
9	G8 盾构工作井	0.8	1.30	

盾构区间管道设备水压试验压力标准　　　　　表 9.1-2

序号	区段	最大试验压力（MPa）	最大压力位置
1	埋管～G1 盾构区间	1.30	G1 盾构工作井蝶阀上游
2	G1～G2 盾构区间	1.40	G2 盾构工作井蝶阀上游
3	G2～G3 盾构区间	1.40	G2 盾构工作井蝶阀下游
4	G3～G4 盾构区间	1.45	G3～G4 盾构区间制低点
5	G4～G5 盾构区间	1.30	G5 盾构工作井蝶阀上游
6	G5～G6 盾构区间	1.30	G5 盾构工作井蝶阀下游
7	G6～G7 盾构区间	1.30	G6 盾构工作井蝶阀下游、G7 盾构工作井蝶阀上游
8	G7～G8 盾构区间	1.30	G7 盾构工作井蝶阀下游

　　G4 盾构工作井分水口从输水主干管上设置 1 根 DN2000 分水管至盾构工作井外，并设置 1 个 DN2000 蝶阀，在蝶阀之后的钢管上设置钢阀头，作为祥符水厂远期供水接口。

　　G7 盾构工作井分水口从输水主干管上设置 1 根 DN2000 分水管至盾构工作井外，然后分为 2 根 DN1400 钢管，每根 DN1400 钢管上沿供水方向分别设置 1 个 DN1400 蝶阀、1 个 DN1400 电磁流量计、1 个 DN1400 调流调压阀和 1 个 DN1400 蝶阀；在第 1 个 DN1400 蝶阀钢管上下游侧设置 1 根 DN100mm 的充水管，底部设置 DN100mm 放水管，供电磁流量计和调流调压阀检修放水和充水用。充水管上布置 DN100 球阀和 DN100 偏心半球阀各 1 个，其中，偏心半球阀为充水工作阀，球阀为其检修阀。放水管上布置 DN100 截止阀，检修放水时，临时连接管道泵抽排至附近排水沟。

　　G8 盾构工作井分水口从输水主干管上设置 1 根 DN2600 分水管至盾构工作

井外，然后分为 2 根 $DN1600$ 钢管，每根 $DN1600$ 钢管上沿供水方向分别设置 1 个 $DN1600$ 蝶阀、1 个 $DN1600$ 电磁流量计、1 个 $DN1600$ 调流调压阀和 1 个 $DN1600$ 蝶阀；在第 1 个 $DN1600$ 蝶阀钢管上下游侧设置 1 根直径 $DN100mm$ 的充水管，底部设置 $DN100mm$ 放水管，供电磁流量计和调流调压阀检修放水和充水之用。充水管上布置 $DN100$ 球阀和 $DN100$ 偏心半球阀各 1 个，其中，偏心半球阀为充水工作阀，球阀为其检修阀。放水管上布置 $DN100$ 截止阀，检修放水时，临时连接管道泵抽排至附近排水沟，输水管线检修阀工程特性如表 9.1-3 所示。

输水管线检修阀工程特性

表 9.1-3

序号	项目	检修阀规格	检修阀中心高程（m）	充水工作阀规格	充水阀中心高程（m）
1	大毛坞地下阀室	$2 \times DN2600$ 电动蝶阀（并联）	31.80	$4 \times DN300$ 手动活塞阀	30.20
2	G1 盾构工作井	$DN3400$ 电动蝶阀	−13.65	$2 \times DN300$ 手动活塞阀	−16.20
3	G2 盾构工作井	$DN3400$ 电动蝶阀	−24.15	$2 \times DN300$ 手动活塞阀	−26.70
4	G3 盾构工作井	$DN3400$ 电动蝶阀	−9.75	$2 \times DN300$ 手动活塞阀	−12.30
5	G4 盾构工作井	$DN3400$ 电动蝶阀	−13.35	$2 \times DN300$ 手动活塞阀	−15.90
6	G5 盾构工作井	$DN3400$ 电动蝶阀	−13.85	$2 \times DN300$ 手动活塞阀	−16.40
7	G6 盾构工作井	$DN3400$ 电动蝶阀	−13.65	$2 \times DN300$ 手动活塞阀	−16.20
8	G7 盾构工作井	$DN3400$ 电动蝶阀	−13.65	$2 \times DN300$ 手动活塞阀	−16.20
9	G8 盾构工作井	$DN3400$ 电动蝶阀	−11.85	$2 \times DN300$ 手动活塞阀	−14.40
10	G4 盾构工作井分水口	$DN2000$ 手动蝶阀	2.60	—	—
11	G7 盾构工作井分水口	$4 \times DN1400$ 电动蝶阀（双管）	2.60	$DN100$ 手动偏心半球阀	3.00
12	G8 盾构工作井分水口	$4 \times DN1600$ 电动蝶阀（双管）	2.00	$DN100$ 手动偏心半球阀	2.30

2. 盾构段放空阀布置

本工程盾构段每个盾构工作井内蝶阀上下游钢管的底部，均设检修排水放空管，用于检修期放空各盾构区间管道内的水体。每根放空管上依次设手动蝶阀和手动偏心半球阀，其中，手动偏心半球阀为放水工作阀，水动蝶阀为其检修阀，输水管线放空阀工程特性如表9.1-4所示。

输水管线放空阀工程特性　　　　　　　　　　　表9.1-4

序号	部位	工作阀类型	检修阀类型	直径	阀中心高程（m）	预泄通道
1	屏峰出口	手动偏心半球阀	手动蝶阀	DN1000	14.00	东穆坞溪
2	G1盾构工作井蝶阀上下游			DN300/DN400	−16.20	东穆坞溪
3	G2盾构工作井蝶阀上下游			2×DN400	−26.70	西溪湿地
4	G3盾构工作井蝶阀上下游			2×DN400	−12.30	西溪湿地
5	G4盾构工作井蝶阀上下游	手动偏心半球阀	手动蝶阀	2×DN400	−15.90	附近河道
6	G5盾构工作井蝶阀上下游			2×DN400	−16.40	附近河道
7	G6盾构工作井蝶阀上下游			2×DN400	−16.20	附近河道
8	G7盾构工作井蝶阀上下游			2×DN400	−16.20	西塘河
9	G8盾构工作井蝶阀上下游			2×DN400	−14.40	附近河道

3. 盾构段空气阀布置

有压输水隧道及管道充排水过程中，区间隧道制高点需要设置进、排气设施。钻爆段下凉坞支洞施工完成后不封堵，与地表连通可起进、排气作用；沿线各检修阀前后均设复合式空气阀，也可起进、排气作用；除此之外，本工程盾构段区间制高点钢管上也设置了复合式空气阀。

空气阀操作条件如下：

（1）各空气阀可根据主管道内压力自动进行吸、排气，吸、排气完毕后会自动关闭，空气阀本身无需人工操作。

（2）空气阀下方设手动检修阀，平常处于全开状态，当空气阀需要检修或拆除更换时关闭，输水管线空气阀工程特性如表9.1-5所示。

输水管线空气阀工程特性　　　　　　　　　　　表9.1-5

序号	制高点位置	排气设施	数量	备注
1	大毛坞地下阀室	DN200空气阀/DN25空气阀	5/1	
2	下凉坞检修交通洞	调压井	—	
3	屏峰出口	DN200空气阀	2	
4	埋管终点下弯段	DN200空气阀/DN50微量排气阀	1/2	
5	G1盾构工作井蝶阀下游	DN200空气阀	1	
6	G1~G2盾构区间	DN150空气阀	4	
7	G2盾构工作井蝶阀上下游	DN200空气阀	2	上游1个，下游1个
8	G3盾构工作井蝶阀上下游	DN200空气阀	5	上游4个，下游1个
9	G3~G4盾构区间	DN150空气阀	4	

序号	制高点位置	排气设施	数量	备注
10	G4 盾构工作井蝶阀上下游	$DN200$ 空气阀	3	上游 2 个，下游 1 个
11	G4～G5 盾构区间	$DN150$ 空气阀	4	
12	G5 盾构工作井蝶阀上下游	$DN200$ 空气阀	3	上游 2 个，下游 1 个
13	G5～G6 盾构区间	$DN150$ 空气阀	4	
14	G6 盾构工作井蝶阀上下游	$DN200$ 空气阀	3	上游 2 个，下游 1 个
15	G5～G6 盾构区间	$DN150$ 空气阀	4	
16	G7 盾构工作井蝶阀上下游	$DN200$ 空气阀	3	上游 2 个，下游 1 个
17	G8 盾构工作井蝶阀上下游	$DN200$ 空气阀	6	上游 3 个，下游 3 个
18	G4 盾构工作井分水口	$DN200$ 空气阀	1	
19	G7 盾构工作井分水口	$DN150$ 空气阀	3	
20	G8 盾构工作井分水口	$DN150$ 空气阀	3	

4. 盾构段水泵布置

（1）主泵布置

盾构区间管道的高程为 $-24.75 \sim -9.75\text{m}$，低于地面和周围河道高程，故盾构区间管道的检修排水需采用水泵进行抽排。为此，每个盾构工作井设置了检修集水井，先将盾构区间管道里的水通过放空阀自流至集水井，再通过水泵抽排至附近溪沟或河道。任一盾构区间检修排水时，盾构区间左右两侧盾构工作井的每个检修集水井内各放置 2 台水泵，共 4 台检修排水泵同时工作。首次充水、水压试验及排水阶段，在盾构工作井的检修集水井内布置 1 台 50kW、$400\text{m}^3/\text{h}$ 的主泵进行排水作业（G3 盾构工作井高低坎各 1 台），主泵及配套管件需要安装到位并试运行合格。

（2）盾构区间管段制低点检修排水泵布置

当盾构区间内有管段高程低于左右盾构工作井管底时，先按以上排水方法排水至盾构工作井的检修集水井，再利用设于盾构区间制低点的检修排水泵，抽排到盾构工作井外。

本工程 G1～G2、G3～G4 盾构区间存在这样的制低点。其中，G1～G2 盾构区间制低点距离 G1 盾构工作井较近，约 350m，在制低点钢管的左右两侧各设置 1 台卧式离心泵，共 2 台。G3～G4 盾构区间制低点距离 G4 盾构工作井约 1250m，制低点排水的体积较大，因此，在制低点及制低点与 G4 盾构工作井的中间，钢管左右两侧均设置了底部排水管和卧式离心泵，以增加排水的速度。

（3）应急排水泵

每个盾构工作井内设置 1 台应急排水泵，供盾构工作井或盾构区间内意外漏水使用。首次充水时，放在盾构工作井的渗漏集水井内，软管连接至固定的排水钢管，排水到井外。由于渗漏集水井较小，系统正常运行后，此应急排水泵从渗漏集水井中提出，放置在旁边备用。此应急排水泵也可临时移动到盾构工作井检修集水井内用于抽排井内水至井外。

9.1.3　盾构段供水管道线路概况

　　G1 盾构工作井钢管顶标高为 −11.03m，G2 盾构工作井钢管顶标高为 −21.53m。由 G2 盾构工作井向 G1 盾构工作井方向，管道分别以 0.565％、2.5％、−0.3％、−1.051％、2.046％、0.635％的坡度到达 G1 盾构工作井，盾构区间先上坡再下坡再上坡，所以盾构区间范围存在一个制高点和制低点，G1～G2 盾构区间钢管剖面图如图 9.1-1 所示。制高点里程为 K1+165.00。

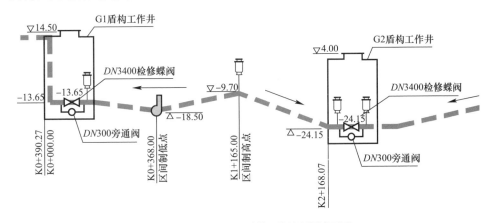

图 9.1-1　G1～G2 盾构区间钢管剖面图

　　由 G3 盾构工作井向 G2 盾构工作井方向，管道分别以 0.1％、1.488％、0.1％、1.771％、0.3％的坡度下行至制低点 G2 盾构工作井，所以盾构区间制高点在 G3 盾构工作井，制低点在 G2 盾构工作井。G3 盾构工作井钢管顶标高为 −17.13m，G2～G3 盾构区间钢管剖面图如图 9.1-2 所示。

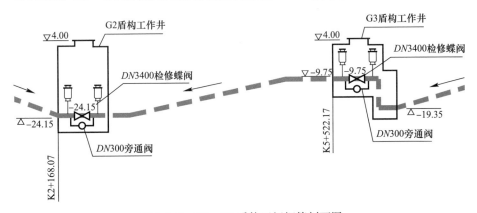

图 9.1-2　G2～G3 盾构区间钢管剖面图

由 G3 盾构工作井向 G4 盾构工作井方向，管道分别以 0.100%、1.573%、−0.100%、−1.684%、0.050%，1.749%、0.099% 的坡度到达 G4 盾构工作井，盾构区间先上坡再下坡再上坡，所以盾构区间范围存在一个制高点和制低点。制高点里程为 K6+520.15，制低点里程为 K7+793.36，G3～G4 盾构区间钢管剖面图如图 9.1-3 所示。

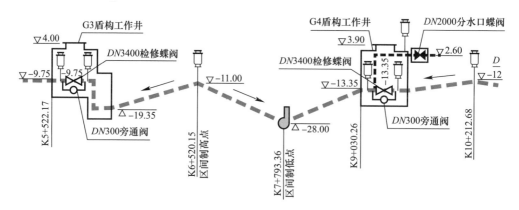

图 9.1-3　G3～G4 盾构区间钢管剖面图

由 G4 盾构工作井向 G5 盾构工作井方向，管道分别以 0.100%、−0.102% 的坡度到达 G5 盾构工作井，盾构区间先上坡再下坡，盾构区间制高点里程为 K10+212.68，G4～G5 盾构区间钢管剖面图如图 9.1-4 所示。

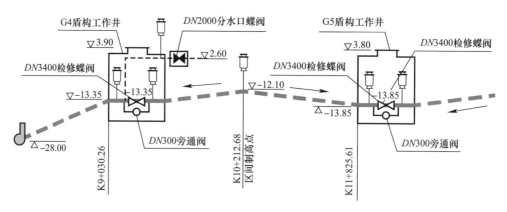

图 9.1-4　G4～G5 盾构区间钢管剖面图

由 G5 盾构工作井向 G6 盾构工作井方向，管道分别以 0.100%、−0.100% 的坡度达到 G6 盾构工作井，盾构区间先上坡再下坡，所以盾构区间范围存在一个制高点，制高点里程为 K13+295.90，G5～G6 盾构区间钢管剖面图如图 9.1-5 所示。

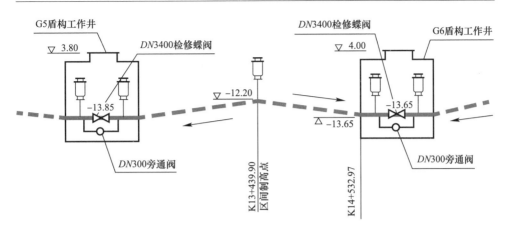

图 9.1-5　G5～G6 盾构区间钢管剖面图

　　由 G6 盾构工作井向 G7 盾构工作井方向，管道分别以 0.100％、2.281％、0.050％、0.100％、−2.000％、−0.200％的坡度达到 G7 盾构工作井，盾构区间先上坡再下坡，所以盾构区间范围存在一个制高点。制高点里程为 K15＋430.28，G6～G7 盾构区间钢管剖面图如图 9.1-6 所示。

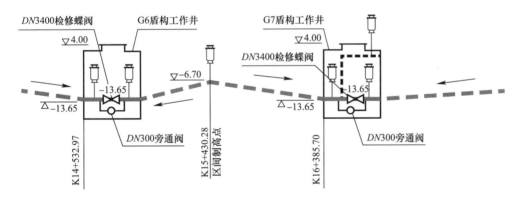

图 9.1-6　G6～G7 盾构区间钢管剖面图

　　由 G7 盾构工作井向 G8 盾构工作井方向，管道以 0.060％的坡度上行到制高点 G8 盾构工作井，所以盾构区间制高点在 G8 盾构工作井，制低点在 G7 盾构工作井，G7～G8 盾构区间钢管剖面图如图 9.1-7 所示。

9.1.4　进水、水压试验范围

　　上游段先行试压。盾构段沿途设置 8 个盾构工作井（G1～G8），首先在盾构工作井内以盾构工作井为单位分别试压。每个盾构工作井设置 1 个检修阀，将管线分为 7 段，井内试压后，井内闷板试压、连接封口钢管，再进行盾构区间一次进水以及盾构区间分段试压。

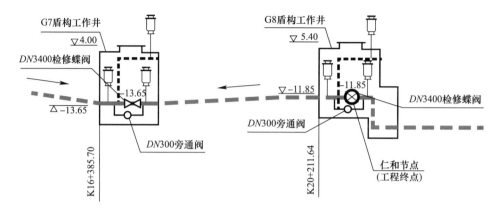

图 9.1-7　G7～G8 盾构区间钢管剖面图

　　G1 盾构工作井蝶阀及伸缩节北侧设置闷板，作为上游段整体试压范围。G4、G7、G8 盾构工作井分水管的最后一个阀门关闭当作闷板，G8 盾构工作井蝶阀以北接嘉兴线设置堵头闷板，上游段充水范围概化图如图 9.1-8 所示。

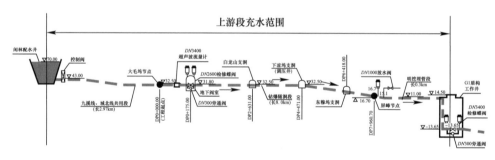

图 9.1-8　上游段充水范围概化图

9.2　水压试验准备工作与技术要求

9.2.1　水压试验准备工作

　　（1）由业主单位牵头组织，确保组织机构系统及应急指挥系统全面运转。

　　（2）各标段、各工点总指挥系统的管理人员、各项目管理人员及作业班组人员是否明确自身职责、安全技术交底是否已到位。

　　（3）各标段、各工点仔细核查应急物资是否齐全并按其作用放置到指定位置，报监理单位验收确认。

（4）核查安全技术交底、安全培训、人员教育是否已经完成，特殊工种作业证件核查报验。

（5）安全防护用品齐备，安全警戒线布置完成，隧道内外联络通信系统通畅、联络工具齐备。

（6）正式进水前，对主管道系统、阀门设备系统、给水排水系统、压力系统、排气系统、供电系统进行全方面检查，各方签署检查意见，核实无误后上报总指挥组织机构，由总指挥组织机构统一调度。

（7）盾构段进水、水压试验前，需确保主管道阀门、伸缩节安装焊接完成，并且内防腐施工完成，伸缩节加固措施完成，井内镇墩完成，主管道人孔安装完成，排气阀安装完成，进水三通安装完成，水压试验压力表安装到位，支管阀门安装完成，检修集水井接至地面及其水泵正常使用，渗漏集水井水泵安装接管到位，地面消防水带接口安装完成，盾构区间制低点水泵安装完成且能正常运行。

（8）施工监测布点完成，人员资质齐备、设备报验完成、初始值采集报验完成，具备监测条件。

9.2.2　水压试验技术要求

（1）预试压阶段，如有压力下降可注水补压，但不得高于试验压力；检查管道接口、配件等处有无漏水、损坏现象；有漏水、损坏现象时应停止试压，查明原因并采取相应措施后重新试压。

（2）主试压阶段，当压力达到试压的最大压力，停止注水补压，当15min后压力无下降，将试验压力降至设计运营压力，并保持恒压30min，进行外观检查，若无漏水现象，则水压试验合格。

（3）本工程单段管线试压长度较长，管道最大试验压力为各段制低点处压力，现场试压应根据管道高程情况推算压力表实际压力值，避免试压段管道局部压力超过最大试验压力。

（4）检查试压系统内所有阀门满足系统试验压力要求，保证试验压力不得超过阀门的公称压力及管道附件的承受能力。

（5）打压管线两端的制高点均设置排气阀，确保打压管段内气体全部被排出。

（6）管道系统压力试验前试压机具、设备要进行报验，合格后才能使用；管道系统压力试验应提前通知业主、监理，并将相关资料报审，以便检查确认试压条件。

（7）试验时，杭州地区温度大于规范要求的环境温度，且不宜低于5℃，不必采取防冻措施。

(8) 若试验过程中发现渗漏时，不得带压处理。消除缺陷后，应重新进行试验。

(9) 试验结束后应及时排尽管内积水、拆除试验用的临时加固装置。排水时不得形成负压，试验用水应排到指定地点。

(10) 地面高差较大的管道，试验介质的静压应计入试验压力中。管道的试验压力应以制高点的压力为准，制低点的压力不得大于管道及设备能承受的额定压力。

9.2.3 井内试压闷板受力分析

1. 概述

本次设计主要采用 AutoCAD 进行体型计算；采用 Hypermes 进行有限元建模，采用 ABAQUS 进行计算分析。

2. 材料选用及力学指标

钢材特性如表 9.2-1 所示。

钢材特性 表 9.2-1

名称	数值
密度	$7.85 \times 10^{-6} kg/mm^3$
弹性模量	$2.06 \times 10 N/mm^2$
泊松比	0.3
重力加速度	$9.8 m/s^2$
焊缝系数	0.95

3. 计算原则及假定

(1) 基本荷载条件为 1.3MPa。

(2) 约束条件为闷板四周固定位移约束。

(3) 有限元模型均采用实体单元建立，闷版结构有限元模型如图 9.2-1 所示。

(4) 主板厚度 35mm，肋板、圈形结构肋板壁厚 30mm。

4. 结果分析

闷板的最大主应力为 2012MPa，出现在边缘位置；最大总位移为 4.02mm。

本次计算可视化成果如图 9.2-2～图 9.2-4 所示，其中应力单位为 MPa，位移单位为 mm。

5. 焊接要求

闷板与钢管焊接处双面焊接，采用连续角焊缝，焊脚高度不小于 15mm，并按照一类焊缝标准进行检测。

图 9.2-1 闷板结构有限元模型

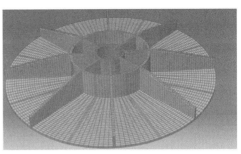

图 9.2-2 全结构主应力云图

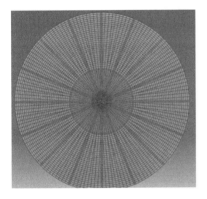

图 9.2-3 闷板结构主应力云图

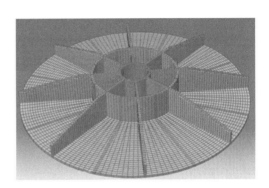

图 9.2-4 总位移云图

9.2.4 井内试压伸缩节受力计算

采用伸缩节前后两端主管道内壁加焊钢板的措施进行加固：

(1) 按 1.3MPa 试压压力、主管道内径 3436mm 进行计算，总水压力为：$P=1.3\times\dfrac{\pi\times3436^2}{4}\approx12048121$（N），$\pi$ 取为 3.14。

(2) 所用钢板材料为 Q355B，截面尺寸为 30mm×200mm，按照抗拉应力计算所用钢板的数量：$n=\dfrac{12048121}{30\times200\times225}\approx8.92$（块），考虑对称布置，建议取 10 块。

(3) 焊缝计算：采用双面连续角焊缝，焊脚高度取 15mm，焊缝系数取 0.9，所需焊缝总长度 $L=\dfrac{12048121}{15\times0.5\times\sqrt{2}\times0.9\times155}\approx8143$（mm），10 块钢管单边所需焊缝长度 $L'=\dfrac{8143}{2\times10}\approx407$（mm），单边搭接长度建议取 500m。

综上计算，推荐方案采用 10 块材料为 Q355B 的钢板（钢板尺寸厚度×宽度×长度：30mm×200mm×2300mm）与伸缩节前后两端主管道搭接，10 块钢板在主管道内壁且沿主管道圆周均布，单块钢板与前后两端主管道分别搭接 500mm，搭接处采用三面连续角焊缝，焊脚高度为 15mm，采用 E5015 焊条进行焊接。

9.3 供水打压设备系统安装

9.3.1 盾构工作井内水压试验布置

盾构工作井内试压主要是提前检验井内 DN3400 蝶阀、DN3400 伸缩节及配套支管的阀门、伸缩节及焊缝，如果井内试压时出现阀门渗漏应立即处理，保证整体进水试压时盾构工作井内的构件处于可控状态。

盾构工作井内试压段包含两端伸缩节在内的全部构件，试压闷板位于伸缩节外侧，进水口、打压孔、排气孔、压力表均设置在排气阀上，对排气阀连接件进行三通改造。伸缩节外侧设置固定槽钢，焊接到伸缩节法兰上，最少配置 8 组，起限定伸缩节伸缩的目的。伸缩节内侧设置 2.3m 长（伸缩节 1.3m）、30mm 厚、20cm 宽的 Q345 钢板，10 块钢板在主管道内壁且沿主管道圆周均布，单块钢板与前后两端主管道分别搭接 500mm，搭接处采用三面连续角焊缝，焊脚高度为 15mm，采用 E5015 焊条进行焊接。每个伸缩节两侧配置钢支撑，外侧钢支撑距离闷板不大于 50cm 布置，避免闷板重量较大，在管道安装时引起倾覆。闷板采用 Q345 壁厚 35mm 钢板，设置加劲肋板，与主管道焊接，焊缝采用角焊缝，内外焊接高度不小于 1.5cm。因闷板设计已经满足结构受力要求，并且伸缩节设置了外部及内部连接板，为了提高安全性，避免伸缩节、蝶阀等构件轴向受力变形引起闷板变形，所以在闷板后安装反力系统作为安全措施，采用 $\phi200$Q235 钢管，壁厚大于 1cm，一端与闷板中心区域围焊，另一端与盾构区间主管道围焊，夹角不大于 45°，不少于 4 道。横撑可以采用型钢或弧形钢板焊接，各标段根据自身情况自行设置，典型盾构工作井井内水压试验布置图如图 9.3-1 所示。

9.3.2 盾构区间水压试验相关进出口布置

1. G1～G2 盾构区间

G1 盾构工作井至 G2 盾构工作井之间钢管长度约为 2150m，直径为 3.4m。中心高程为 -13.65m（G1 盾构工作井）～-18.5m（中间制低点）～-9.70m（中间制高点）～-24.15m（G2 盾构工作井）。

G1～G2 盾构区间的制高点处设 4 个 DN150 复合式空气阀，供充水时排气之用；G1 盾构工作井蝶阀下游侧和 G2 盾构工作井蝶阀前各装设 1 个 DN200 复合式空气阀作为辅助排气所用。

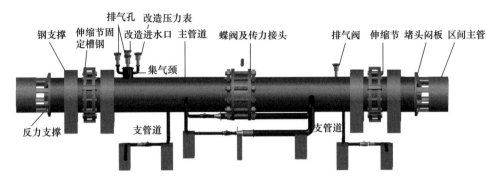

图 9.3-1　典型盾构工作井井内水压试验布置图

G1 盾构工作井设 1 个 *DN*3400 蝶阀，蝶阀两侧设 *DN*300 充水管，每根充水管上依次安装检修阀和充水工作阀。

2. G2～G3 盾构区间

G2 盾构工作井至 G3 盾构工作井之间钢管长度约为 3350m，直径为 3.4m。中心高程为−24.15m（G2 盾构工作井）～−9.75m（G3 盾构工作井）。

G2～G3 盾构区间的制高点位于 G3 盾构工作井蝶阀前，设 4 个 *DN*200 复合式空气阀，供充水时排气所用；G2 盾构工作井蝶阀下游侧设 1 个 *DN*200 复合式空气阀作为辅助排气所用。

G2 盾构工作井设 1 个 *DN*3400 蝶阀，蝶阀两侧设 *DN*300 充水管，每根充水管上依次安装检修阀和充水工作阀。

3. G3～G4 盾构区间

G3 盾构工作井至 G4 盾构工作井之间钢管长度约为 3500m，直径为 3.4m。中心高程为−9.75m（G3 盾构工作井）～−19.35m（G3 盾构工作井）～−11.04m（中间制高点）～−28.08m（中间制低点）～−13.35m（G4 盾构工作井）。在 G4 盾构工作井内还设一根 *DN*2000 的管路接口，中心高程上升至 2.60m，接口末端设一个 *DN*2000 蝶阀和闷头。

G3～G4 盾构区间的中间制高点处设 4 个 *DN*150 复合式空气阀，供充水时排气所用；另外，在 G3 盾构工作井蝶阀下游侧和 G4 盾构工作井检修阀上游侧分别装设 1 个和 2 个 *DN*200 复合式空气阀作为辅助排气所用。*DN*2000 管道接口顶部还设 1 个 *DN*200 复合式空气阀。

G3 盾构工作井−9.75m 处设 1 个 *DN*3400 蝶阀，蝶阀两侧设 *DN*300 充水管，每根充水管上依次安装检修阀和充水工作阀。

4. G4～G5 盾构区间

G4 盾构工作井至 G5 盾构工作井之间钢管长度约为 2800m，直径为 3.4m。中心高程为−13.35m（G4 盾构工作井）～−12.1m（中间制高点）～−13.85m（G5 盾构工作井）。

　　G4~G5 盾构区间的中间制高点处设 4 个 DN150 复合式空气阀，供充水时排气所用；另外，在 G4 盾构工作井蝶阀下游侧和 G5 盾构工作井检修阀上游侧分别设 1 个和 2 个 DN200 复合式空气阀作为辅助排气所用。

　　G4 盾构工作井设 1 个 DN3400 蝶阀，蝶阀两侧设 DN300 充水管，每根充水管上依次安装检修阀和充水工作阀。

　　5. G5~G6 盾构区间

　　G5 盾构工作井至 G6 盾构工作井之间钢管长度约为 2720m，直径为 3.4m。中心高程为 -13.85m（G5 盾构工作井）~ -12.4m（中间制高点）-13.65m（G6 盾构工作井）。

　　G5~G6 盾构区间的中间制高点处设 4 个 DN150 复合式空气阀，供充水时排气所用；另外，在 G5 盾构工作井蝶阀下游侧和 G6 盾构工作井检修阀上游侧分别装设 1 个和 2 个 DN200 复合式空气阀作为辅助排气所用。

　　G5 盾构工作井设 1 个 DN3400 蝶阀，蝶阀两侧设 DN300 充水管，每根充水管上依次安装检修阀和充水工作阀。

　　6. G6~G7 盾构区间

　　G6 盾构工作井至 G7 盾构工作井之间钢管长度约为 2650m，直径为 3.4m。中心高程为 -13.65m（G6 盾构工作井）~ -6.85m（中间制高点）~ -13.65m（G7 盾构工作井）。

　　G6~G7 盾构区间的制高点处设 4 个 DN150 复合式空气阀，供充水时排气所用；G6 盾构工作井蝶阀下游侧设 1 个 DN200 复合式空气阀，G7 盾构工作井蝶阀前设 2 个 DN200 复合式空气阀作为辅助排气所用。另外，由于祥符水厂的分水支管 DN1800mm 钢管中心高程为 2.60m，在其顶部设 1 个 DN150 复合式空气阀。

　　G6 盾构工作井设 1 个 DN3400 蝶阀，蝶阀两侧设 DN300 充水管，每根充水管上依次安装检修阀和充水工作阀。G7 盾构工作井除设 1 个 DN3400 蝶阀外，在蝶阀的上游侧设通至祥符水厂的分水支管，分水支管直径 DN1800mm，上升中心高程到 2.60m 后分成 2 根 DN1400mm 供水管，每根供水管上依次设蝶阀、电磁流量计、调流调压阀和检修阀。

　　7. G7~G8 盾构区间

　　G7 盾构工作井至 G8 盾构工作井之间钢管长度约为 3050m，直径为 3.4m。中心高程为 -13.65m（G7 盾构工作井）~ -11.85m（G8 盾构工作井），在 G8 盾构工作井形成了本段的制高点。

　　G8 盾构工作井作为本段的制高点，在蝶阀上游侧设 3 个 DN200 的复合式空气阀，供充水时排气所用；G7 盾构工作井蝶阀下游侧设 1 个 DN200 复合式空气阀作为辅助排气所用。另外，由于仁和水厂的分支管 DN2600mm 钢管中心高程为 2.00m，在其顶部装设 1 个 DN150 复合式空气阀及旁通阀。

G7 盾构工作井设 1 个 DN3400 蝶阀，蝶阀两侧设有 DN300 充水管，每根充水管上依次安装检修阀和充水工作阀。G8 盾构工作井除设 1 个 DN3400 蝶阀外，在蝶阀的上游侧设通至仁和水厂的分水支管，分水支管直径 DN2600mm，上升中心高程到 2.00m 后分成 2 根 DN1600mm 供水管，每根供水管上依次装设蝶阀、电磁流量计、调流调压阀和蝶阀。

9.4　水压试验工艺流程

9.4.1　井内水压试验工艺流程

水压试验管道检验→水压试验临时系统安装→水压系统检验→系统上水与排气→按照 0.1MPa 分级升压→升压至 1/2 的设计压力→系统全面检查→按照 0.1MPa 分级升压→升压至设计压力→系统全面检查→按照 0.1MPa 分级升压→升压至每个盾构工作井的设计压力（稳压 15min）→系统全面检查→按照 0.05MPa/min 逐级降压至工作压力（稳压 30min）→系统全面检查→按照 0.05MPa/min 逐级降压→试验结束。

9.4.2　盾构区间水压试验工艺流程

水压试验管道检验→水压试验临时系统安装→水压系统检验→系统上水与排气→按照 0.1MPa 分级升压→升压至 1/2 的设计压力→系统全面检查→按照 0.1MPa 分级升压→升压至设计压力→系统全面检查→按照 0.1MPa 分级升压→升压至每个盾构工作井的设计压力（稳压 15min）→系统全面检查→按照 0.05MPa/min 逐级降压至工作压力（稳压 30min）→系统全面检查→按照 0.05MPa/min 逐级降压→试验结束。

9.5　水压试验

9.5.1　注水与排气

（1）盾构工作井内水压试验用水量较少，井内注水采用生活用水，在盾构工作井底板设置集水池，采用自然流入的方式通过增压泵注入主管道内，排气采用盾构工作井既有排气阀进行排气。

（2）上游段充满水后，保持沿线所有主管道上的蝶阀关闭，蝶阀两侧的旁通阀全部打开，待上游段试压完成后，将 G1～G8 盾构工作井的 20.2km 钢管段作为一个整体进行首次充水。此阶段将上游蝶阀开启，各个盾构工作井的 DN3400 蝶阀全部关闭，蝶阀两侧旁通阀全部打开，制高点排气阀暂时不进行安装，空气阀下面的闸阀处于打开状态，避免大方量进水时对空气阀造成破坏。每个盾构区间管道内大方量进水后，将盾构区间空气阀安装完成，盾构工作井内空气阀及改造三通阀安装，具备充水加压及排气条件。一旦有水从空气阀喷出，立即关闭闸阀。

（3）一次充水的优势在于：对输水系统中任一段管道水压上升的速度相对较慢，整个输水系统充满水后才基本建压，有利于钢管释放应力和系统的稳定。其缺点在于：①相较于隧道和埋管，盾构区间钢管制高点设置空气阀处和制低点设置排水泵处，均存在系统中任一点一旦发生漏水事故，人员撤离困难的可能性。因此在存在制高点及制低点的盾构区间配置健全的网络系统及视频摄像头，进行远程监控，作为盾构区间是否可以进入的重要判定依据；②G8 盾构工作井为管段末端，其堵头闷板施工质量非常重要，如果出现问题，可能引起盾构区间管道的水回灌至整个区间。

（4）第二阶段为注水增压阶段，各标段分别关闭本标段蝶阀进行区段封闭后，确认注水管路及排气管路无误，再次打开空气阀下的闸阀，开始注水打压。注水打压采用 33SV7G185T 型立式多级泵，进出口为 $DN65$，功率为 18.5kW，流量为 20m³/h，扬程为 160m，转速为 2900 转/min。各标段市政管网自来水供应流量不一，为了保证注水增压期间水量充足，各工点自行设计临时集水池，地面水管放置在临时集水池，试压泵抽水由临时集水池进行抽取。打压阶段，由全线总指挥部统一协调升压，$DN3400$ 蝶阀两端保持压力同步上升，每个压力上升由全线总指挥下发指令确认后方可再次升压。

（5）单盾构区间充水状态判定：

G1～G2 盾构区间存在制高点及次高点，次高点因 G1 盾构工作井接 Ⅱ 标段存在高差。该盾构区间制高点为盾构段次高点，为统一充水水位线（－9.70m）。整体充水时视为 G1 盾构工作井次高点无气体存留，只需考虑盾构区间制高点位置排气情况，作为整个盾构区间是否充水完成的判定依据。

G2～G3 盾构区间制高点为 G3 盾构工作井，安装 $DN200$ 排气阀，该点为盾构段次高点，所以最后以排气阀出水视为整个盾构区间已经充水完成。

G3～G4 盾构区间制高点里程为 K6＋520.15，安装 $DN150$ 排气阀，最后以排气阀出水视为整个盾构区间已经充水完成。

G4～G5 盾构区间制高点里程为 K10＋212.68，安装 $DN150$ 排气阀，最后以排气阀出水视为整个盾构区间已经充水完成。

G5～G6 盾构区间制高点为 G6 盾构工作井，安装 $DN200$ 排气阀，最后以排气阀出水视为整个盾构区间已经充水完成。

G6～G7 盾构区间存在制高点，安装 $DN200$ 排气阀，最后以排气阀出水视为整个盾构区间已经充水完成。

G7～G8 盾构区间制高点为 G8 盾构工作井，安装 $DN200$ 排气阀，最后以排气阀出水视为整个盾构区间已经充水完成，只需考虑盾构区间制高点位置排气情况，作为整个盾构区间是否充水完成的判定依据。

（6）水压试验结束，并合格后，将蝶阀开启，统一排水至 G8 盾构工作井，并排放至市政管网。各标段盾构工作井内由制低点排水至检修井，通过检修井水泵抽排至地面，引至附近河道市政管网。G1～G2 盾构区间及 G3～G4 盾构区间存在低排水点，由该制低点排水汇集到 G1 盾构工作井的及 G4 盾构工作井的检修井抽排至地面，引至附近河道或市政管网，各标段排水点布置自行考虑。

（7）单独管道注满水过程中，打开排气阀，应多次排气，排净管道内的空气。排气阀出水后，关闭排气阀，停 3～5min，重新打开排气阀，如此循环多次，直到系统无气体为止。

（8）若管道中出现下列情况时，表明管道内的气体未排干净，应继续排气：

1）升压时，水泵不断充水，但升压很慢。

2）升压时，压力表指针摆动幅度很大且读数不稳定。

3）当升压至 80% 时，停止升压，打开放水阀门，水柱中有"突突"的声响并喷出许多气泡。

9.5.2　打压阶段

（1）在完成灌水、排气工作后，确保管道无空气残留后，方可进行打压。

（2）注水打压期间，升压至各个阶段后仔细排查管件、阀门，确保无渗漏水情况，用 1kg 重的小锤在焊缝周围对焊缝逐个进行敲打检查，期间系统无渗漏降压，试验即为合格。

（3）试压期间，在井口位置进行封闭，将井口作为试压禁区。试压禁区设专人把守，禁止非试压人员进入。

（4）井内试压期间堵头闷板后面严禁站人。

9.5.3　管道泄压与排水

（1）待水压试验验收合格后，将试压管段的排气阀打开进行放空泄压，泄压结束后，先查看压力表的数值，在全面检查系统无异常后，开启排水阀，将管道内的试验用水全部排空。

（2）试压完成后，管线的泄压要缓慢进行。

（3）试压完成后，及时提交试压报告给各方会签。

（4）对排气阀、排水阀进行二次处理，恢复设计要求的形式。

9.5.4　G8 盾构工作井接嘉兴线堵头闷板及支撑体系安装及拆除

全线水压试验期间，嘉兴线与 G8 盾构工作井未连通，不能提供足够反力，所以需要在 G8 盾构工作井蝶阀以北设置堵头闷板及支撑体系。在全线充水阶段，G8 盾构工作井蝶阀开启，充水产生的冲击力主要集中在堵头闷板并传递至支撑体系，充水完成后，注水增压前 G8 盾构工作井蝶阀关闭。水压试验结束后进行堵头闷板拆除。

9.6 关键技术

9.6.1 内防腐施工工艺及验收节点关键技术

《给水排水管道工程施工及验收规范》GB 50268—2008 第 5.4.1 条规定，管体的内外防腐层宜在工厂内完成。本工程如果在厂家进行内防腐施工，那么钢管在运输、盾构区间内旋转以及前后对接过程中极易对内防腐造成破坏，影响管道施工质量。因此，本工程管体内外防腐层采用现场喷涂的方式。第 5.4.2 条规定，现场施做内防腐的管道，应在管道试验、土方回填验收合格，且管道变形基本稳定后进行。盾构区间长距离（3.3km）混凝土浇筑期间，与管道内防腐交叉作业时，混凝土浇筑先行浇筑两边洞口 0～1000m 范围的第一层，内防腐施工由盾构区间中间向两端进行。可以有效节约工期 40d。因此，混凝土浇筑与内防腐施工必然存在交叉节点，节点问题主要体现在混凝土基础浇筑产生的水化热对内防腐施工质量的影响。

采用此工艺的创新点：

（1）内防腐不间断施工，没有后浇带施工，其施工质量更易控制。

（2）先施工内防腐后再进行管道试压试验。

为了保证施工质量，避免因混凝土浇筑时水化热引起的管道变形及内防腐开裂，经过专家研讨会确定，内防腐砂浆施工与混凝土浇筑应错开 7d 以上，施工现场如图 9.6-1 所示。

9.6.2 试压长度划分及试压形式关键技术

《给水排水管道工程施工及验收规范》GB 50268—2008 第 9.1.9 条规定，管道的试验长度除本规范规定和设计另有要求外，压力管道水压试验的管段长度不宜大于 1.0km；无压力管道的闭水试验，条件允许时可一次试验不超过 5 个连续井段；对于无法分段试验的管道，应由工程有关方面根据工程具体情况确定。管道试压按照规范中要求的管段长度不宜大于 1.0km 布置，有如下弊端：

（1）在盾构隧道有限空间内完成 1000m 钢管安装后，即停止钢管作业，进行其附属的防水卷材隔离层、施工缝、锚筋、混凝土浇筑等工序，交叉作业繁多，对工期严重制约。

（2）试压阶段必须进行钢管内闷板的安装及焊接作业。在管道设计中，必须增加进人通道。在施工中，人员在管道内部密闭空间进行大量的焊接及加固作业，存在重大安全隐患。

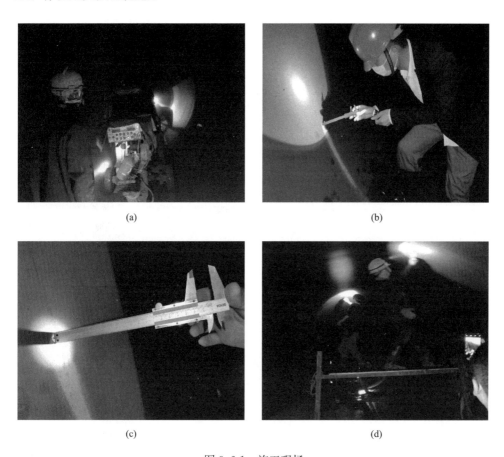

图 9.6-1　施工现场
（a）内防腐喷涂；（b）内防腐检测（一）；（c）内防腐检测（二）；（d）内防腐检测（三）

（3）试压阶段明确规定，闷板背后严禁站人，在有限空间内试压作业，过程管理存在很大困难，同样存在重大安全隐患。

（4）每 1.0km 节点部位，属于试压遗漏范围，对整个盾构区间试压质量的保证存在严重缺陷。

经过如上原因的总结和分析，本工程的管道试压范围划分属于"应由工程有关方面根据工程具体情况确定"范围，盾构区间试压采用整体试压方式，属于技术突破。

针对此项突破,管道试压前进行全线工程范围内的水压试验方案专家论证会,确定试压方案的可行性,具体操作如图9.6-2~图9.6-5所示。

图9.6-2 试压泵布置

图9.6-3 球阀检查

图9.6-4 伸缩节检查

图9.6-5 小蝶阀检查

9.6.3 DN 3400伸缩节试压关键技术

目前国家标准规范中关于管路补偿器主要遵循规范《管路补偿接头选用和安装要求》GB/T 29751—2013、《管路补偿接头》GB/T 12465—2017。

本次试压相对规范要求有如下创新点:

(1)管道及伸缩节等整体安装及试压,管道试压产生的内力和伸缩节本身限制位移产生的力是相反的两个力,达到1.37MPa的试验压力下限制伸缩节位移的设计。

(2)伸缩节距离堵头闷板最近距离为1.8m,属近距离内力传递。伸缩节内外部加固如图9.6-6、图9.6-7所示。

(3)在厂家单独对伸缩节静态试压后,现场焊接。盾构工作井内试压,是模拟实际通水运营阶段的实际工况,针对此类工况下的施工工艺(包括试压)、方法、过程控制、检验标准是一项重大提升,填补了国标规范中的此类空白。

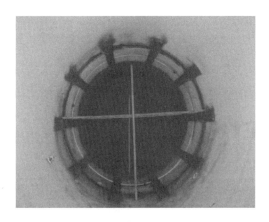

图 9.6-6　伸缩节内部加固

图 9.6-7　伸缩节外部加固

9.7　水压试验过程监测及质量监管

9.7.1　水压试验过程监测方案

1. 监测目的

受工程地质条件、施工方法和施工过程中诸多不确定因素的影响,以及运营期间输水荷载和邻近工程施工的影响,隧道结构在其施工和运营期间会产生不同程度的位移变形,往往会影响隧道结构安全。因此,在进水前需要布置监测点位,采集初始值,在运营阶段,为保证隧道结构安全和运营安全,对隧道本身进行变形监测,为隧道围护提供监测数据资料。

2. 监测内容

(1) 监测范围及工作内容

监测范围:留和节点~仁和节点(G1~G8 盾构工作井)共 8 个盾构工作井、7 段盾构区间。

监测内容:

1) 盾构隧道工后变形监测:

① 盾构隧道及盾构工作井沉降变形监测。

② 盾构隧道及盾构工作井差异沉降监测。

③ 盾构隧道收敛变形监测。

④ 盾构隧道及盾构工作井日常巡视。

2）高程基准复测。

（2）监测点布置原则

监测点位布置原则如表 9.7-1 所示。

监测点位布置原则

表 9.7-1

序号	监测项目	位置或监测对象	测点布置原则	备注
1	沉降变形	隧道与盾构工作井	普通段每48m（40环）布置一个断面，加密段每12m（10环）布置一个断面。每断面布置2个沉降点，位于水管左右两侧混凝土基础上	
2	差异沉降	隧道与盾构工作井	盾构工作井与盾构隧道连接处两侧布置2组差异沉降点	
3	收敛变形	隧道	普通段每48m（40环）布置一个断面，加密段每12m（10环）布置一个断面。每断面布置2组收敛监测点，位于管片中部	
4	高程基准复测	高程基准	每个盾构工作井侧墙上布置2个高程基准点	

注：外部施工可能影响本项目结构安全，互通、道路、铁路、地铁、高速河道施工等重要节点处为加密段。

3. 监测方法

（1）高程基准复测

1）高程基准点分布情况

盾构工作井共布置 16 个高程基准点。

2）高程基准点的埋设方式

高程基准点的埋设采用 100mm 长的不锈钢道钉，将道钉的一头磨圆，露出约 5mm，用电钻钻孔，以植胶的方式固定道钉。编号采用模板喷涂，不得随意手写，应便于识别，编号与点位相对应，距地面约 1.5m 高。

3）高程控制网联测

对高程基准点进行联测，判断其稳定性，建立长期运营监测高程控制网，作为盾构区间监测的起算依据。

高程控制网沿线路走向布置水准测量路线，按国家一等水准测量精度要求施测并形成附合一等水准线路。

长期变形监测的高程控制基准网需进行定期联测。

高程控制网的主要技术要求如表 9.7-2 所示。

（2）监测点布置

1）沉降监测点布置

沉降监测点的布置同高程基准点的埋设方式。沉降监测点埋设实景图（以盾构区间测点为例）如图 9.7-1 所示。

高程控制网的主要技术要求　　　　　　表 9.7-2

高程监测	水准测量等级	每千米高差中数中误差（mm）		水准仪等级	水准尺	往返较差、附合或环线闭合差（mm）
		偶然中误差 M_Δ	全中误差 M_w			
高程基准控制网	国家一等	±0.45	±1.0	DS1	铟瓦尺或条码尺	±1.8$\sqrt{L}$
沉降监测水准网	国家二等	±1	±2.0	DS1	铟瓦尺或条码尺	±4$\sqrt{L}$

注：1. L 为往返测段、附合或环线的路线长度（以 km 计）；
　　2. 采用数字水准仪测量的技术要求与同等级的光学水准仪测量技术要求相同。

图 9.7-1　沉降监测点埋设实景图（以盾构区间测点为例）

2）收敛监测点布置

隧道水平收敛监测方法采用测距法，水平收敛监测点的标志埋设在管片中部，用油漆喷直角标识。水平收敛监测点的编号应喷涂在隧道两侧侧壁上，编号与点位要对应，距地面约 1.5m 高，收敛测点布置实景图如图 9.7-2 所示。

图 9.7-2　收敛测点布置实景图

3）沉降监测点布置位置

普通段每 48m（40 环）布置一个断面，加密段每 12m（10 环）布置一个断面，监测点应避开管片接缝，且要确保不影响管片上其他重要管线，布置示意图如图 9.7-3～图 9.7-5 所示。

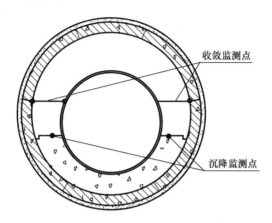

图 9.7-3　盾构隧道沉降、收敛监测点布置示意图

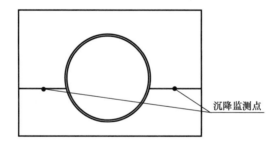

图 9.7-4　盾构工作井沉降监测点布置示意图

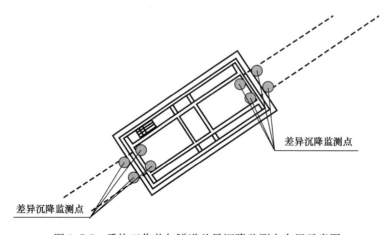

图 9.7-5　盾构工作井与隧道差异沉降监测点布置示意图

4）隧道水平收敛变形监测点

普通段每 48m（40 环）布置一个断面，加密段每 12m（10 环）布置一个断面，收敛点布置在整 5 环倍数的管片上，用油漆在管片左右两腰做好测量标识，在隧道管壁一侧喷直角标识，水管上喷十字标识。利用激光测距仪测出两点间的距离。收敛监测点应和沉降监测点布置在同一横断面上。

（3）监测方法

1）沉降监测

监测网按《建筑变形测量规范》JGJ 8—2016 二级监测网技术要求施测，由于水准基点布置符合闭合水准线路，水准线路可采用单程双测站的方法进行观测，观测时选取稳定性较好的沉降点作为线路基点，进行统一平差，其余监测点采用中丝法直接测定，监测网和水准观测的主要技术要求如表 9.7-3、表 9.7-4 所示，竖向位移（沉降）现场监测如图 9.7-6 所示。

监测网的主要技术要求　　　　　　　　　　　　　　　　　　　表 9.7-3

等级	单程双测站所测高差之差（mm）	往返较差，附合或环线闭合差（mm）	检测已测高差之差（mm）
二级	$\pm 0.7\sqrt{n}$	$\pm 1.0\sqrt{n}$	$\pm 1.5\sqrt{n}$

注：n 为测站数。

水准观测的主要技术要求　　　　　　　　　　　　　　　　　　　表 9.7-4

等级	仪器型号	水准尺	视线长度（m）	前后视距差（m）	前后视距差累计差（m）	视线离地面最低高度（m）	基辅分划读数较差（mm）	基辅分划所测高差较差（mm）
二级	DS05	铟瓦尺	≤50	≤2.0	≤5.2	≥0.3	≤0.5	≤0.7

图 9.7-6　竖向位移（沉降）现场监测

2）收敛观察

使用测距仪测量：在隧道一侧内壁上做直角标识，将测距仪底部贴紧管片，

图 9.7-7　激光测距仪

对准另一侧管片，并在激光点处用十字丝做好标记。

通过测距仪测量两点间的距离。为了减小误差，应测三次取平均值为本次测量的结果。计算后、前两次所测距离的差值即为该测点在这一段时间内净空收敛值。

设 t_1 时的观测值为 L_1，t_2 时的观测值为 L_2，则收敛值 $\Delta L = L_2 - L_1$，收敛速率 $\Delta v = \Delta L / \Delta t$，其中：$\Delta t = t_2 - t_1$。

激光测距仪如图 9.7-7 所示，测量精度为±1.0mm。

3）监测频率

进水试压阶段监测频率为 1 次/3d。

（4）监测控制标准及报警值

1）报警值取值

各项监测的数值达到一定范围（即：将产生不可接受的负面影响时）要进行"报警"，长期监测变形控制值如表 9.7-5 所示。报警值根据有关其他规范、规程执行。

长期监测变形控制值　　　　　　　　　　　　　　　表 9.7-5

序号	监测项目	次控制值	年控制值
1	隧道沉降监测	±3mm	±10mm
2	隧道收敛监测	±3mm	±10mm
3	隧道与盾构工作井差异沉降	±2mm	—

注：长期沉降监测变形值达到控制值的 60% 时为预警状态，变形值达到控制值的 80% 时为报警状态。

2）监测报警、异常情况下的监测措施、项目应急监测小组启动

① 监测报警

当出现下列情况之一时，必须立即进行危险报警，并应对结构采取应急措施。同时启动项目应急监测小组：

a. 监测数据达到累计报警值；

b. 根据当地工程经验判断，出现其他必须进行危险报警的情况。

② 异常情况下监测措施

工程出现紧急情况或监测数据超过报警值时，应结合应急预案采取如下的应急措施：

a. 立即按照相关程序向主管部门（单位应急监测小组）、业主单位、监理等

相关部门报告现场情况；

　　b. 组建应急监测工作小组，启动应急监测预案；

　　c. 按照应急预案要求，增加监测人员和监测仪器设备；

　　d. 按照应急预案要求，增加监测对象或项目、监测点和监测频率；

　　e. 按照应急预案要求，做好遇紧急情况或监测数据超过预警值时，工程场地现状的各种文字资料、影像记录；

　　f. 按照应急预案要求，协助相关部门处置紧急情况，并对工程应急处置工作提出建议；

　　g. 若监测数据报警，需及时提交监测报警工作联系单至业主单位。

　　③ 应急监测小组启动

　　监测出现报警情况，立即通知第三方监测单位进场复测，并启动应急监测预案，项目应急监测小组成员组成如表 9.7-6 所示。

项目应急监测小组成员组成　　　　　　　　　　　　　　　　表 9.7-6

序号	姓名	应急小组职务	职责	联系方式
1	×××	组长	负责组织应急小组管理并与各相关单位协调及外部单位的沟通，主抓全面工作	×××
2	×××	副组长	配合组长协调相关单位工作。并对监测工作进行跟踪指导，对监测数据进行分析、并提出建设性建议	×××
3	×××	组员	负责现场数据采集、分析、整理。并将监测报告、现场情况，数据初步分析，第一时间向组长和副组长报告	×××
4	×××	组员		×××
5	×××	组员		×××
6	×××	组员	负责监测单位内部及相关单位在工作中的简单事件的协调	×××

　　现场派驻监测小组，由项目负责人作为监测小组的总负责，24h 值班，保持通信工具及通信渠道的随时畅通。另安排监测仪器厂商技术人员到场，确保自动化系统正常运行。

　　加密监测频率，异常状态下监测频率比原先的提高一倍；危险状态下提高到 1 次/h，甚至连续观测。

　　④ 单位应急监测小组成员组成及启动

　　监测工程出现紧急情况时，在启动项目应急监测小组的同时，单位应急监测小组立即组成并及时介入监测工作，单位应急监测小组成员组成如表 9.7-7 所示。

单位应急监测小组成员组成

表 9.7-7

序号	姓名	职务	应急小组职务	职责	备注
1	×××	副院长	组长	负责项目应急小组管理,并配备相应的后备监测力量。负责主抓全面工作	
2	×××	检测中心主任	副组长	配合组长对项目应急小组管理,负责对监测数据审核分析,并对其他与监测工作有关工作进行跟踪指导	
3	×××	测量专业工程师	组员	配合组长对项目应急小组管理,并对监测后备小组进场管理。在介入监测工作时对增加人员进行交底培训	
4	×××	监测人员	组员		

⑤ 监测报警申报程序

监测过程中遇到报警,视具体情况,如监测速率发生突变或累计位移(沉降等)持续增大,且经施工单位复测后确认,在0.5h内上报项目负责人,由项目负责人在0.5h内上报业主单位,并及时将监测报警工作联系单送达业主单位。

监测小组协助业主单位、设计单位及安评单位等召开相关的专家会议,并整理提交书面报警处理记录。最后业主根据报警内容采取相应的应对措施,由监理负责交送质检部门。

9.7.2 水压试验过程质量保障措施

1. 组织机构

(1)成立以业主单位为首的质量保证机构,下设代建单位,负责具体工作要求,监理单位负责现场管控质量标准,施工单位自查自纠,第三方检测单位复查的质量管理体系。

(2)项目部成立项目经理、总工、副经理为首的质量领导小组,下设"五部两室"(工程部、财务部、工经部、安质部、物机部、办公室、试验室)组织领导质量管理工作,定期进行质量检查、召开分析会议,分析质量保证计划的执行情况,及时发现问题,研究改进措施,积极推动项目部开展质量管理工作。

2. 试压前后质量保证措施

(1)主管道焊接质量经施工单位自检、第三方检测单位复检、监理单位抽检、质监站抽检全部合格。

(2)内防腐施工质量施工单位自检、监理单位见证需全部合格。

(3)主管道下属支管道、人孔、排气阀、法兰、蝶阀的连接部位重点控制,按照第三方检测要求进行复检并合格。

(4)各类阀门进场后核实出厂证明及技术文件,安装时螺栓对称紧固,留存备用件，密封圈按照要求安装，确保阀门密封。

（5）试验压力表鉴定合格且在有效期内。

（6）进水前监测点位布置完成，且初始值采集完成。

（7）进水前由施工单位对进水前条件进行核查，由监理单位进行复查并联合签认。

（8）试压各类表格准备齐全，规范填写，现场记录由专人收集汇总。

（9）实行工序质量层层负责制，每一环节都设置专人把关，上道工序不合格不得进入下道工序。

9.7.3　水压试验施工总布置

水压试验时间安排：

（1）井内水压试验时间为 5d。

（2）井内管道封口时间为 5d。

（3）全线充水时间为 5d。

（4）二次充水时间为 3d。

（5）试压时间为 3d。

（6）全线排水时间为 7d。

（7）时间总计 28d。

各盾构区间水压试验布置示意图如图 9.7-8～图 9.7-14 所示。

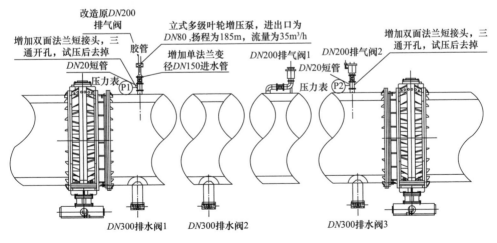

图 9.7-8　G1～G2 盾构区间水压试验布置示意图

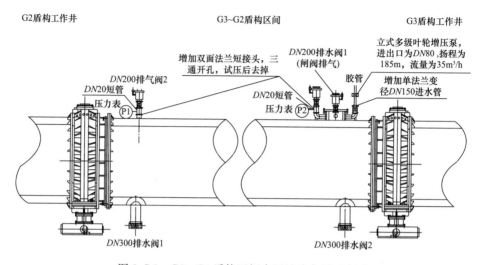

图 9.7-9　G2～G3 盾构区间水压试验布置示意图

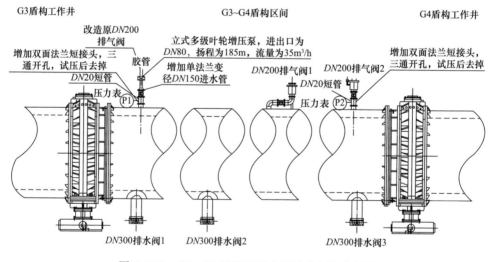

图 9.7-10　G3～G4 盾构区间水压试验布置示意图

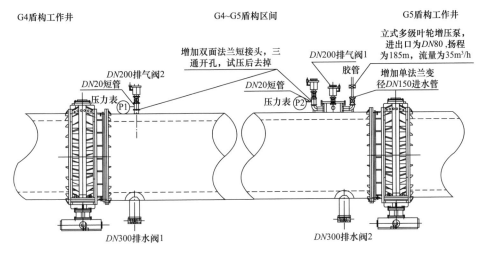

图 9.7-11　G4～G5 盾构区间水压试验布置示意图

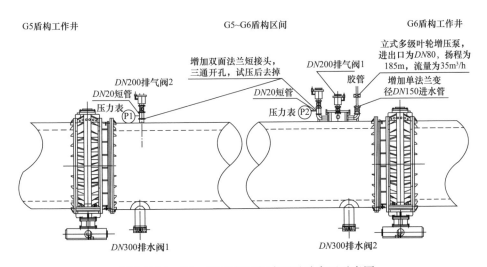

图 9.7-12　G5～G6 盾构区间水压试验布置示意图

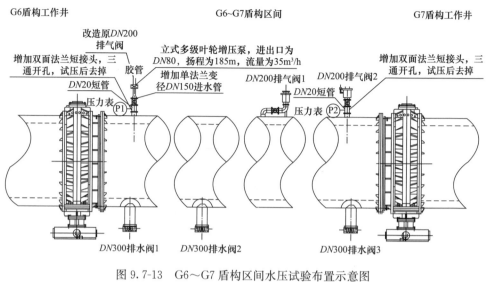

图 9.7-13　G6～G7 盾构区间水压试验布置示意图

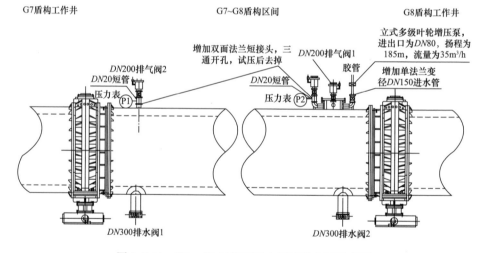

图 9.7-14　G7～G8 盾构区间水压试验布置示意图

9.8　本章小结

　　盾构段进水、水压试验，采用 AutoCAD 进行体型计算，采用 Hypermes 进行有限元建模，采用 ABAQUS 进行计算分析。在进水前布置监测点，对隧道本身进行变形监测，为隧道围护提供监测数据资料；采用沉降观测、收敛观测，防止水压试验过程中出现质量问题；成立质量保证机构，同时对试压前后进行必要的质量保证措施；供水管线盾构段水压试验的检验及现场监测数据表明，采用非开挖技术进行供水管道的施工可以减少对周围环境的影响。